U0214652

福建野生兰科植物

NATIVE ORCHIDS IN FUJIAN

兰思仁　刘江枫　彭东辉　陈世品　等　编著

中国林业出版社

图书在版编目（CIP）数据

福建野生兰科植物 / 兰思仁等编著.— 北京：
中国林业出版社, 2016.4
ISBN 978-7-5038-8479-5
Ⅰ.①福… Ⅱ.①兰… Ⅲ.①兰科—野生植物—福建省 Ⅳ.①Q949.71
中国版本图书馆CIP数据核字(2016)第068958号

责任编辑：贾麦娥　盛春玲
出版发行：中国林业出版社
（100009 北京西城区刘海胡同7号）
http://lycb.forestry.gov.cn
电　　话：010-83143562
装帧设计：张　丽
印　　刷：北京卡乐富印刷有限公司
版　　次：2016年7月第1版
印　　次：2016年7月第1次印刷
开　　本：787mm × 1092mm 1/16
印　　张：15
字　　数：346千字
定　　价：168.00元

序

Foreword

福建地处我国宽阔亚热带的东南隅，山青水秀，气候宜人。它不仅是我的家乡，我还曾作为林业勘察队员，在这里的山山水水奔走了近四年的时光。故乡的森林曾经令我梦寐萦怀。南靖的季雨林，永安的槠栲林，三明的杉木林，以及满山遍野的马尾松林。

今日，故乡森林之恋已经曲终人散近六十个春秋了。我也从林业勘察队员变成了兰花爱好者和研究者了。然而，当我看到《福建野生兰科植物》的书稿时，故乡、森林、兰花依然令我怦然心动、浮想联翩。福建是我国大陆森林覆盖率最高的省份，而兰科植物则是不折不扣的森林宠儿。作为对生境要求非常苛刻的植物群，兰科植物虽然并不长在密林内，然而只有森林能够创造、调节、庇护它们赖以生存的生态环境。今天，兰科植物之所以处于高度濒危状态，不仅由于自身被过度开发，更由于森林被严重破坏所致。因此，保护兰花，首先必须保护森林，保护生态环境。

《福建野生兰科植物》是在《福建植物志·兰科》的基础上，经过作者们多年的努力完成的。其中包含了作者们赴野外观察、采集、拍摄照片等诸多第一手资料。该书的出版，不仅为保护福建野生兰花资源提供了重要的参考，同时对于促使人们更好地保护森林、保护生态环境，也有积极意义。这或许也是作者和读者的共同愿望吧。是为序。

陈心启　于北京

2015年　夏月

序

福建地处我国宽阔亚热带的东南隅，山青水秀，气候宜人。它不仅是我的家乡，我还曾作为林业勘察队员，在这里的山山水水奔走了近四年的时光。故乡的森林曾经令我梦牵萦怀：南靖的季雨林，永安的槠栲林，三明的杉木林，以及满山遍野的马尾松林。

今日，故乡森林之恋已经曲终人散近六十个春秋了。我也从林业勘察队员变成了兰花爱好者和研究者了。然而，当我看到《福建野生兰科植物》的书稿时，故乡、森林、兰花依然令我怦然心动，浮想联翩。福建是我国大陆森林覆盖率最高的省份，而兰科植物则是不折不扣的森林宠儿。作为对生境要求非常苛刻的植物群，兰科植物虽然并不仅长在森林内，然而只有森林能够创造、调节、庇护它们赖以生存的生态环境。今天，兰科植物之所以处于高度濒危状态，不仅由于自身被过度开发，更由于森林被严重破坏所致。因此，保护兰花，首先必须保护森林，保护生态环境。

《福建野生兰科植物》是在《福建植物志·兰科》的基础上经过作者们多年的努力完成的。其中包含了作者们赴野外观察、采集、拍摄照片等诸多第一手资料。该书的出版，不仅为保护福建野生兰花资源提供了重要的参考，同时对于促使人们更好地保护森林，保护生态环境，也有积极意义。这或许也是作者和读者的共同愿望吧。是为序。

陳心啓于北京
2015年夏日

前言

Preface

广义的兰花是兰科（Orchidaceae）植物的统称，全世界约有800个属25000余种，约占全世界植物种类的10%，是植物界最大和进化程度最高的家族之一，也是生物多样性和进化研究以及生物保护的“旗舰”和理想的模式类型，全科均被《野生动植物濒危物种国际贸易公约》列为保护物种，占该公约保护植物的90%以上。

我国是兰科植物多样性的重要分布中心之一，资源丰富，约有194个属近1400种。福建省位于我国东南沿海，地跨南亚热带和中亚热带，有着良好的生态环境，是我国兰科植物重要分布区域之一。近20多年来，随着兰科植物资源开发力度的加大，人为过度采集、生境的破坏和丧失使兰科植物种质资源日趋枯竭，有些种类濒临灭绝。因此，全面摸清福建省野生兰科植物的种质资源现状，进一步发掘新的野生种和近缘种，已经刻不容缓。

课题组所在的福建农林大学海峡兰花保育研究中心，是中国重要的兰科植物种质资源保护与研究基地，汇聚了一批兰科植物研究领域的高层次人才，建成了兰科种质资源保护基地（森林兰苑）。先后主持福建省重大科研专项“福建野生观赏植物多样性与开发应用研究”、国家林业公益性行业科研专项“亚热带野生观赏植物多样性保育与扩繁技术研究”等。在兰科植物种质资源收集、保护、繁育、系统分类学、生物地理学和生物信息学等研究领域取得了显著成绩，特别是2015年2月，研究中心联合国内外专家成功破译了香荚兰基因组，这是世界上首个完成测序的兰科藤本植物。

自1993年开始，课题组相继对全省的野生兰科植物资源进行详尽调查和系统整理，近年来又联合厦门大学、福建师范大学、福建中医药大学等高校和科研院所的专家，把调查范围扩展到福建全省，先后发现了许多的新记录属、种，到目前为止有据可查的有71属，154种。本书正是在此基础上编著而成，其显著特点如下。

一是调查深入，资料翔实。针对福建兰科植物种质资源保护存在的问题，查阅大量标本和文献资料，并结合20多年来的野外实地调查，首次对福建省野生兰科植物种质资源种类、资源蕴藏量、地理分布格局等进行了较为详尽的分析，为今后福建兰科植物资源保护和可持续利用奠定了扎实的基础，意义重大。

二是保育研究全面系统。本书在大量调查、科学总结和系统分析的基础上，对福建省兰科植物资源历史调查概况、地理分布、资源开发利用现状等作了详细介绍，并对种群濒危机制、保护策略进行了全面而系统的阐述，涵盖了福建省兰科植物种质资源调查、创新与保育的各个环节。

三是科学性和可读性较强。本书详细记述了福建省野生兰科植物属、种，为福建野生兰科植物的大部分种类选配野生状态下的彩色图片，约300张，同时为了精确描述其分布地，为每个种配以彩色地理分布图*，方便读者阅读理解，具有较高的科研、观赏和文化价值。

本书由兰思仁、刘江枫、彭东辉、陈世品、陈炳华、杨成梓、翟俊文、吴沙沙、艾叶、李明河编著。在编著的过程中，中国科学院植物研究所陈心启研究员为本书做序；深圳市兰科保育研究中心（国家兰科植物种质资源保护中心）刘仲健教授级高级工程师，中国科学院植物研究所罗毅波研究员、金效华研究员，福建农林大学游水生教授，海南大学宋希强教授提出了宝贵意见；调查过程中得到了福建武夷山国家级自然保护区、福建戴云山国家级自然保护区、福建梁野山国家级自然保护区、福建虎伯寮国家级自然保护区、福建梅花山国家级自然保护区、永泰藤山省级自然保护区、屏南鸳鸯猕猴省级自然保护区、福建省林业厅濒危动植物保护办公室、屏南县林业局大力支持；蔡世民、李建民、刘强、黎维英、蒋宏、黄明忠、黄海、张建荣、苏享修、胡明芳、胡根华、叶丛鑫、叶德平等同志为本书提供了部分照片；北京林业大学博士生周育真、卓孝康，课题组陈凌艳老师、陈进燎老师、李明河博士，博士生江鸣涛，硕士生唐淑玲、白岳峰、张林瀛、李淑娴、徐江宇、陈龙翔、陈永滨、马良、张逸君、池梦薇等参与了部分野生植物资源调查和文字整理工作，聂典、吴燕燕进行兰科植物分布图的绘制工作，叶谋鑫同学协助核对兰科植物分布图，在此一并致谢。

鉴于工作条件、时间与水平有限，部分边远地区野生兰花资源尚未能开展系统调查，部分新发现种类尚待进一步鉴定，因此本书所列兰科植物名录仅是现阶段研究成果的汇总，更多的种类有待后续补充修订。书中难免存在错漏之处，恳请广大读者批评指正。

编著者

2016年5月

*本书中地图只作为野生兰科植物在福建的分布示意图，而不作为地理区划的依据。

Preface

Orchidaceae, commonly known as orchids, has over 25,000 species of 800 genera which occupy ca. 10% of the plant species around the world. Being one of the largest and most evolved families, Orchidaceae is an ideal taxon for biodiversity and evolution research, and renowned as the flagship family in plant conservation. All of the orchid species were listed in the CITES (Convention on International Trade in Endangered Species), accounting for more than 90% species protected.

China is an important biodiversity center of orchids with about 1,400 species of 194 genera. Fujian Province, located in Southeast China, is South Asia tropical and subtropical climate. Its environment is well protected and is one of the important areas for the distribution of orchids in China. However, in the past two decades or so, many wild orchids, especially the economic species, were threatened to distinction due to increasingly development of orchid industry, over collection, and habitat destruction. Therefore, comprehensive investigation of wild orchid resources in Fujian should be conducted urgently.

Orchid Conservation Center of Straits between Taiwan and Mainland (the center for abbreviation) is an important base for the protection and research of orchid germplasm resources. The center has built one orchid conservation nursery and gathered plenty of distinguished orchidologists. Our research group has acquired great achievements on the introduction, cultivation, conservation, breeding, systematics, biogeography, and bioinformatics with the funding supported by Major Scientific Research Projects of Fujian Province (Biodiversity and Application of Ornamental Plants in Fujian) and Special Funding for National Forestry Public Welfare Industry Research (Biodiversity Conservation and Propagation Technique of Subtropical Ornamental Plants). Especially, the accomplishment of the genome of *Vanilla shenzhenica* in February, 2015, which is the first completed genome of a vine orchid.

Since 1993, the contributors to this book devoted to the field investigation and systematic arrangement of wild orchid resources in Fujian. In recent years, many universities (e.g., Xiamen University, Fujian Normal University, Fujian University of Traditional Chinese Medicine), research institutes, and specialists helped extend the investigation area to the whole province. Lots of newly recorded genera and species have been found, and so far, a total of 71 genera and 154 species are well documented. The salient features of this book are as follows.

Firstly, with investigation deepens, plentiful information were gained. Aiming at the problems of orchid germplasm resources protection in Fujian, looking up a large number of specimens and literatures and combining with more than 20 years of field investigation, we discussed the resource conservation, geographical distribution pattern and so on for the first time. This work will become a benchmark in resources conservation and sustainable utilization of orchids in Fujian.

Secondly, a comprehensive and systemic conservation research was completed. Based on extensive investigations, scientific summaries, and comprehensive analyses, we have made a detailed introduction on the history of investigation situation, geographical distribution, and the current situation of development and utilization. In addition, species endangered mechanism and conservation strategy have been elaborated comprehensively and systematically. The contents covers all the investigation, innovation, and conservation of orchid germplasm resources in Fujian.

Thirdly, this book is strong scientific and readable. Detailed generic and specific information of native orchids in Fujian are recorded. Furthermore, most species are abundantly illustrated with photographs took in the wild (ca. 300 photos) and the distribution map of each species is also provided. By doing so we hope to help readers get a better understanding and hope to provide scientific research, ornamental, and culture value.

This work was compiled by Lan Siren, Liu Jiangfeng, Peng Donghui, Chen Shipin, Chen Binghua, Yang Chengzi, Zhai Junwen, Wu Shasha, Ai Ye, Li Minghe. During the process, Institute of Botany, Chinese Academy of Sciences, Professor Chen Xinqi has written the foreword; the following professors provided valuable comments and suggestions: the Orchid Conservation and Research Center of Shenzhen and the National Orchid Conservation Center, Professor Liu Zhongjian, Institute of Botany, Chinese Academy of Sciences, Professor Luo Yibo and Jin Xiaohua, Fujian Agriculture and Forestry University, Professor You Shuisheng, and Hainan University, Professor Song Xiqiang. During the field investigation, we had received great support from the following institutes: Fujian Wuyishan National Nature Reserve, Fujian Daiyunshan National Nature Reserve, Fujian Liangyeshan National Nature Reserve, Fujian Huboliao National Nature Reserve, Fujian Meihua Mountain National Nature Reserve, Yongtai Tengshan Nature Reserve, Nature Reserve for Mandarin Duck and Macaque in Pingnan, Conservation Office of Endangered Fauna & Flora in Fujian Province Forestry Department, and Forestry Bureau of Pingnan County. We thank Cai Shimin, Li Jianmin, Liu Qiang, Li Weiying, Jiang Hong, Huang Mingzhong, Huang Hai, Zhang Jianrong, Su Xiangxiu, Hu Mingfang, Hu Genhua, Ye Deping, Ye Congxin for providing some photos. We also received help from the following teachers and students in the field investigation and compilation. They are doctor candidates Zhou Yuzhen and Zhuo Xiaokang from Beijing Forestry University, Chen Lingyan, Chen Jinliao, Li Minghe, Jiang Mingtao, Tang Shuling, Bai Yuefeng, Zhang Linying, Li Shuxian, Xu Jiangyu, Chen Longxiang, Chen Yongbin, Ma Liang, Zhang Yijun, and Chi Mengwei from Fujian Agriculture and Forestry University. Nie Dian, Wu Yanyan, and Ye Mouxin helped drawing and checking the distribution maps. Appreciation is expressed to all the members who devoted their hard work and wisdom to this book.

Given the current work condition, limited time and research ability, native orchid resources in some remote areas have not been able to investigate systematically and some of the newly found species need further identification. So the orchids included in this book are only a summary of the current research results, and more species will be added in the subsequent amendments. Though lots of advanced materials and results are taken into consideration, we can hardly make the book as perfect as our colleagues expected. Any comment and criticize is accepted.

The Author

May, 2016

目录

Contents

总　论

各　论

Contents

Overview

Species

福建野生兰科植物

Native Orchids in Fujian

总论

OVERVIEW

第一章　福建省自然概况

FUJIANSHENG ZIRAN GAIKUANG

一、地理位置

福建省位于我国东南沿海，介于北纬23° 32'~28° 19'，东经115° 51'~120° 52'之间。东北邻浙江省，西、西北接江西省，西南连广东省，东临东海，东南隔台湾海峡与台湾省相望。陆地面积12.4万km^2，平面形状似一斜长方形，东西最大间距约480km，南北最大间距约530km。

二、气候

福建省靠近北回归线，受季风环流和地形的影响，形成暖热湿润的亚热带海洋性季风气候，年平均气温自北而南大约为17~21℃，从西北向东南递升，最热月均温在28℃，最冷月均温在6~13℃。无霜期240~330天，木兰溪以南几乎全年无霜。每年5~6月降水最多，夏秋之交多台风，年平均降雨量1400~2000mm，是中国雨量最丰富的省份之一。年平均日照数1700~2300小时。此外，由于山地海拔高差和局部地形的影响，导致热量条件垂直分异的区域性差异较为明显。如热量随海拔升高而递减，使山地自下而上出现南亚热带—中亚热带—北亚热带气候。

三、地形地貌

福建境内峰岭耸峙，丘陵连绵，河谷、盆地穿插其间，山地、丘陵占全省总面积的80%以上，素有“八山一水一分田”之称。地势总体上西北高东南低，与海岸大体平行的武夷山脉、鹫峰山—戴云山—博平岭两列大山带斜贯全境，构成福建地形的主体框架。

蜿蜒于闽赣边界附近的西列大山带，由武夷山脉、杉岭山脉等组成，主峰黄岗山，位于武夷山市境内，海拔2158m，是中国东南沿海诸省的最高峰。闽中大山带被闽江和九龙江切割成三段，北段为鹫峰山脉，中段为戴云山脉，南段为博平岭。闽中大山带东侧诸多东南走向的山丘分支延伸入海，形成多海湾和多半岛的曲折海岸线，构成福建海岸地貌的基本格局。由于历史上的地质时期发生过多次海浸、海退，海湾内形成了沿海平原和多级不同海滨阶地与海蚀平台。闽江口以北由于山地逼近海岸，平原窄小；闽江口以南不仅有较大面积的沿海平原，如福州平原、兴化平原、泉州平原和漳州平原，而且广泛分布海蚀红土台地。

福建的海域广阔，海岸线漫长曲折，拥有众多港湾和半岛，岛屿星罗棋布。

四、土壤

福建省区域内土壤的成土母岩种类繁多，在气候与生物作用下，形成了各种各样的土壤类型，并呈现了明显的水平地带性和垂直地带性的分布规律。

1. 水平地带性土壤分布

福建省内的南亚热带地区，因受海洋性季风和雨林生物气候共同影响的结果，分布着砖红壤性红壤；中亚热带地区则受季风和常绿阔叶林生物气候的影响，分布着红壤。这两种土壤分别为福建省两个地带的代表性类型。同一地带内由于局部非地带因素的影响，地带内发育并分布了一些非地带性的土壤。

2. 垂直地带性土壤分布

在福建省内的南亚热带地区，以戴云山为代表：海拔250m以下的地区，地带性土壤以砖红壤为主；海拔250~500m的丘陵，地带性土壤为红壤；海拔500~1000m的中低山，地带性土壤为山地红壤；海拔1000~1250m的山地，地带性土壤为黄红壤；海拔1250m以上的高山地，地带性土壤为黄壤直至山地草甸土。

中亚热带以武夷山为代表，土壤、植被分布同样有自己的带谱，只是由于纬度偏北，海拔起始界限相应降低。

五、植被

福建地处泛北极植物区的边缘地带，是泛北极植物区向古热带植物区的过渡地带，隶属于中国三大植被区域中的“中国东部湿润森林区”，植物种类较为丰富，有4500种以上，以亚热带区系成分为主，区系成分较复杂。全省的森林覆盖率达63.1%，居全国第一。

福建的地带性植被类型有南亚热带（季）雨林和中亚热带照叶林（常绿阔叶

福建武夷山国家级自然保护区——延绵千里的武夷断裂带

林）。在水平方向上大致以闽中大山带为界，即西起永定下洋，沿博平岭山脉，经戴云山、飞鸾至三沙湾入海一线，东南部为南亚热带季风常绿阔叶林地带，西北部为中亚热带常绿阔叶林带。由于人为影响，原生的群落已很稀少，只有深山区方有保存，大部分为次生植被或人工植被，主要有马尾松林、竹木、杂木林、杉木林以及其他经济林木和农作物。

福建省是个多山的省份，植被垂直分布差异明显，从闽东南沿海到闽西北内陆，不同山体形成不同特点的植被垂直带谱，特别是它的基带，反映出水平地带性的特征。

福建武夷山国家级自然保护区——黄岗山垂直分布带

福建武夷山国家级自然保护区——岩壁上生长着台湾独蒜兰

三明格氏栲省级自然保护区

漳平天台国家森林公园

福州鼓山国家级风景名胜区——树上生长着多花兰

福建雄江黄楮林国家级自然保护区

福建梁野山国家级自然保护区

福建梅花山国家级自然保护区

福安瓜溪桫椤省级自然保护区

屏南鸳鸯猕猴省级自然保护区

永泰藤山省级自然保护区——枫香上生长着细茎石斛

福建灵石山国家森林公园

福建戴云山国家级自然保护区

第二章 福建省野生兰科植物采集与研究简史

FUJIANSHENG YESHENG LANKE ZHIWU CAIJI YU YANJIU JIANSHI

福建不仅是我国，也是全世界最早开发利用和研究兰科植物的地区之一。全世界最早出版的一部兰科专著——宋代的《金漳兰谱》(1233年)，就是专门讲述以建兰(*Cymbidium ensifolium*)为主的兰科植物的品种收集和栽培方法的专著，至今仍有重要的参考价值。

采集植物标本并加以保存，是现代植物学研究的重要手段。对福建植物的采集活动，可以追溯到17世纪后期。古时的英国人W. Lianus(于1685年)、S. Brown(于1695年)、J. Cunningham(于1699—1700年)等曾到厦门和闽江口采集，但所采集的标本很少，未见有兰科的记载。更大规模的采集晚至19世纪30年代才开始。著名的有R. Fortune(于1834—1861年)、S. T. Dunn(于1905年)、W. Limpricht(于1913年)和F. P. Metcalf(于1923—1928年)等人。福建省仅有的2个兰科特有种之一，福建羊耳蒜(*Liparis dunnii*)就是基于S. T. Dunn在邵武(今武夷山市)采到的标本命名的。

中国人对福建植物的采集始于20世纪初。钟观光(于1918—1919年)是第一位到福建采集的现代植物学家。其后陈焕镛(于1919年)、胡先骕(于1921年)、秦仁昌(于1921，1924年)、唐仲璋(于1923年)、林镕(于1940—1944年)、林英(于1941—1944年)、钟补勤(于1942年)、王大顺(于1942—1944年)、林来官(于1944—)等人，曾陆续在福建各地采集，其中包含了不少兰科植物标本。

新中国成立后，有关大学、研究机构和自然保护区等曾联合组织了多次自然保护区和特定地区的考察和采集，如福建武夷山国家级自然保护区、福建梅花山国家级自然保护区、福建龙栖山国家级自然保护区、福建虎伯寮国家级自然保护区、福建梁野山国家级自然保护区、福建戴云山国家级自然保护区、永泰藤山省级自然保护区、安溪云中山省级自然保护区等，考察报告中记录了大量的兰科植物，包括了若干的新记录属和种。采集的标本绝大多数保存在福建师范大学、厦门大学、福建农林大学、福建省亚热带植物研究所等有关科研单位的标本室以及自然保护区和医药部门的标本室中。

现代有关福建兰科植物的最重要的著作应是《福建植物志》，该专著收录福建已知的兰科植物60属119种及6变种。这是一部以标本为根据的著作，而且有较准确、详尽的描述和记载。后来，《中国高等植物》虽然记载了福建也产杜鹃兰(*Cremastra appendiculata*)、台湾吻兰(*Collabium formosanum*)、紫花羊耳蒜(*Liparis gigantea*)，但我们在许多标本馆，包括中国科学院植物研究所的标本馆均未找到所依据的标本，故不收录在本书之内。而属种的名称则根据2009年出版的*Flora of China*（Vol. 25，Orchidaceae）予以订正。该书指明福建有分布的兰科植物为58属127种。福建兰科植物没有特有属，仅有2个特有种，除了福建羊耳蒜外，另一个特有种为李大明和刘初钿发表的武夷山天麻（*Gastrodia wuyishanensis*）。

在前人研究的基础上，本书作者经过多年的野外考察和采集，也发现了许多新记录属、种，如紫纹兜兰（*Paphiopedilum purpuratum*）、玫瑰宿苞兰（*Cryptochilus roseus*）、齿爪齿唇兰（*Odontochilus poilanei*）、钳唇兰（*Erythrodes blumei*）、广东异型兰（*Chiloschista guangdongensis*）、短足石豆兰（*Bulbophyllum stenobulbon*）、阔叶带唇兰（*Tainia latifolia*）、台湾白点兰（*Thrixspermum formosanum*）、中华叉柱兰（*Cheirostylis chinensis*）、美丽盆距兰（*Gastrochilus somae*）、尖喙隔距兰（*Cleisostoma rostratum*）等，使全省兰科植物的记录达到71属154种。此外，还有一些标本花果不全，部分边远地区还未进行专业考察，因此，福建野生兰科植物的属、种数还需进一步深入考察。

第三章　福建省野生兰科植物地理分布

FUJIANSHENG YESHENG LANKE ZHIWU DILI FENBU

兰科植物的分布不仅与气候有密切关系，也与森林植被的分布密切相关。福建植被隶属于中国三大植被区域中的“中国东部湿润森林区”，其下划分为2个植被地带3个植被区6个植被小区（见图3-1）。本文通过野外调查、标本查阅、文献资料研究对福建省境内3个植被区的兰科植物分布进行统计，具体见表3-1。

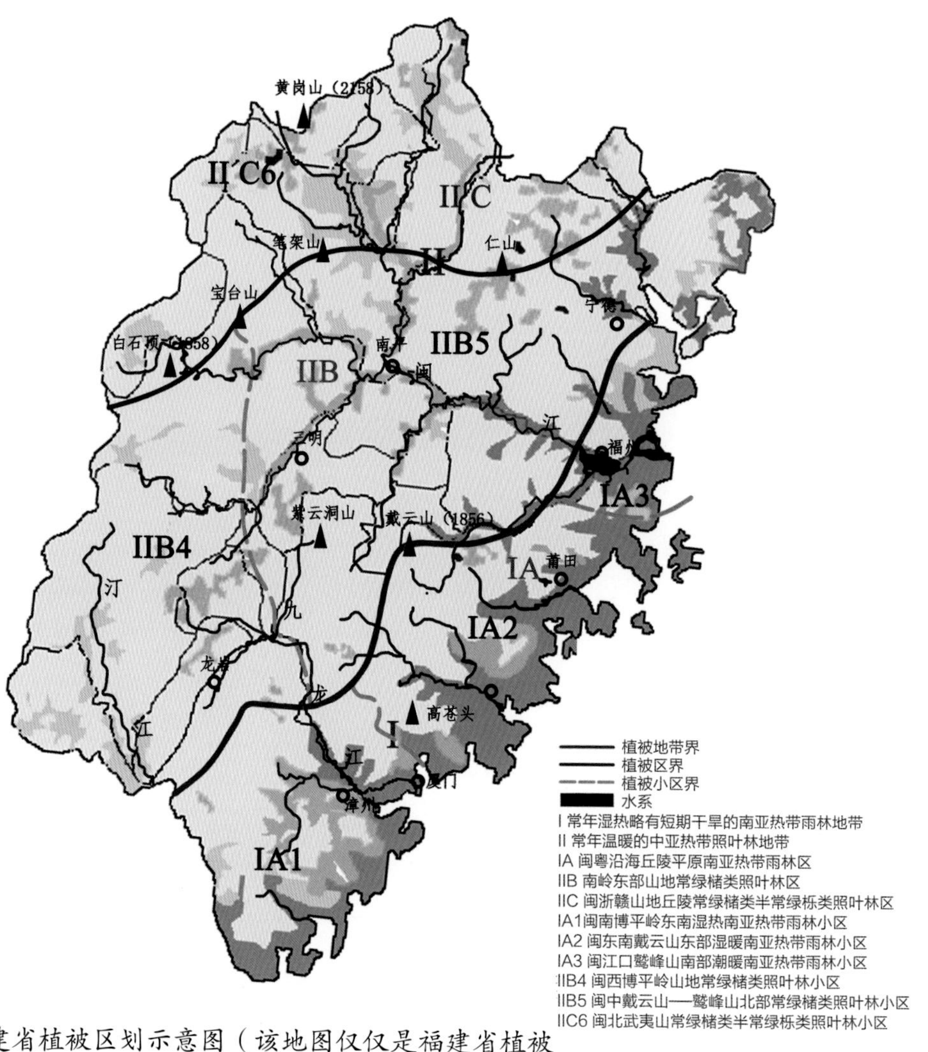

图3-1 福建省植被区划示意图（该地图仅仅是福建省植被区划的示意图，不作为地理区划的依据）

表3-1 福建省野生兰科植物不在同植被区的分布

植被地带	植被区	属数	占全省总属数的比例（%）	地生类型属数	附生类型属数	附生属占植被区内总属数比例（%）	种数	占全省总种数的比例（%）	地生类型种数	附生类型种数	附生种数占总植被区内种数比例（%）
I	IA	54	76.06	35	21	38.89	98	63.64	60	38	38.78
II	IIB	43	60.56	27	18	41.86	80	51.95	50	30	37.50
	IIC	42	59.15	28	16	38.10	86	55.84	57	29	33.72

注：表中腐生和地生种类全部归为地生类型；羊耳蒜属（*Liparis*）与兰属（*Cymbidium*）均含有地生和附生类型的种类，3个植被区内都有这2个属的分布且都包含有地生和附生类型的种类，因此各植被区的地生类型和附生类型属数和都比总属数多了2属；部分种类因产地不详，未列入计算。

从表3-1中可看出3个植被区均以地生兰为主，附生类型的属、种数占地理区内属、种总数的比例均高于33%而低于42%，说明3个植被区中热带潮湿区域生活型的兰科植物较为丰富，但未能占据主要地位，具有热带向亚热带过渡的特性。从附生类型的属、种数来看，以IA最为丰富，达到21属38种；其次为IIB，为18属30种；IIC最少，为16属29种，这应该是福建3个地理区由南至北，年均温逐渐降低的原因引起的。由于气候愈暖，附生兰愈多，反之气候愈冷，附生兰则愈少。

一、闽粤沿海丘陵平原南亚热带雨林区

本植被区在福建省内下分为3个小区，即IA1.闽南博平岭东南部湿热南亚热带雨林小区；IA2.闽东南戴云山东部湿暖南亚热带雨林小区；IA3.闽江口鹫峰山南部潮暖南亚热带雨林小区。其北界自永定下洋（与广东省大埔、蕉岭、英德一线相接），向东经南靖永溪、华安新圩、永春蓬壶经戴云山山顶、福清琯口、福州北峰、罗源至飞鸾三沙湾入海。地貌类型多为低山、丘陵、台地、平原区。境内海拔100～500m低山、高丘星罗棋布，少有高于1000m以上的中山。本区具南亚热带季风气候的一般特征，年平均气温20℃～21℃；月平均气温在20℃以上的长达6个月，全年无冬(以候温≤10℃为冬天，≥22℃为夏天)，极端最低气温在0℃以上，仅个别地区个别年份可达-2℃，但为时极短且温差不大。年降水量一般在1400～2000mm，而沿海狭带较少(1100mm以下)。相对湿度在80%以上，冬春气温较低而多云雾。

据统计，本植被内共有兰科植物54属98种，为3个植被区最为丰富区域，分别占全省属、种总数的76.06%与63.64%。其中，地生类型与附生类型分别为35属60种和21属38种。附生类型的属、种数亦为3个植被区中最多，这主要是由于附生兰多数是热带的属，适生于高温高湿的环境中，而本区处于热带过渡区，具有良好的水热条件，许多热带属的北界可到达这里，但一些典型的热带属却未见于本区。如匙唇兰属（*Schoenorchis*）、脆兰属（*Acampe*）、牛齿兰属（*Appendicula*）、蛇舌兰属（*Diploprora*）、宿苞兰属（*Cryptochilus*）等附生兰属都仅见于本植被区，其余2个植被区均未见。

二、南岭东部山地常绿槠类照叶林区

本植被区在福建省内下分为2个小区，即IIB4闽西博平岭山地常绿槠类照叶林小区；IIB5闽中戴云山—鹫峰山北部常绿槠类照叶林小区。其南界与南亚热带雨林区界线相叠，北界自江西广昌经宁化安远接泰宁

宝台山、水福崃，经政和仁山至周宁与浙江南雁荡山相接。境内有东北部的鹫峰山脉、南部的戴云山与博平岭山脉连续逶迤于其中，大部分处于闽江、九龙江、汀江的中上游地区。由于山地丘陵起伏，地形复杂，其地势除宁德地区近海而较低外，大都在海拔200～500m以上，也有高达1600m以上的中山，1000m以上者则相当多。因地势高，温度比上述南亚热带雨林区低。在区内复杂的地形中形成许多小气候，东部与西部即有较大差别。气候属中亚热带南部季风气候，夏长而冬暖和，雨量多。因大山屏障，除宁德沿海地区外，境内比上一区具较明显的大陆性气候。年均温18℃～20℃，个别仅17.5℃（福鼎）；年降水量1600～1800（2000）mm，相对湿度75%～85%。典型原生性植被为照叶林。

据统计，本植被区内共有兰科植物43属80种，分别占全省属、种总数的60.56%与51.95%。地生类型与附生类型分别为27属50种，18属30种。本植被区全部的属与多数种类为IA和IIC所共有的。目前，仅少数种类，如广东羊耳蒜（*Liparis kwangtungensis*）、齿爪齿唇兰（*Odontochilus poilanei*）、大明山舌唇兰（*Platanthera damingshanica*）、台湾白点兰（*Thrixspermum formosanum*）等仅见于本植被区，未见其他2个植被区有分布。

三、闽浙赣山地丘陵常绿槠类、半常绿栎类照叶林区

本植被区在福建省内仅1个小区，即IIC6闽北武夷山、仙霞岭山地常绿槠类、半常绿栎类照叶林小区，地处武夷山脉主峰黄岗山南麓的低山和丘陵地，境内的山体支脉间有南浦溪、崇溪和富屯溪水系分布，仙霞岭东南诸山支脉之间，仅在武夷山市城区附近有小片的山间盆地。年均温17～18℃，年降水量1800～2000 mm（浦城2360mm、黄岗山顶3104mm），各地多有降雪，年雪日2～3天，高山上可达3～4天。本小区典型植被为照叶林，群落结构较简单，以壳斗科甜槠为主，标志种是苦槠、多脉青冈。另一特点是本植被区具有明显的落叶树种如亮叶桦、凹叶厚朴等和落叶灌丛茅栗林以及白栎林和高大的博落回分布，而热带性种类如厚壳桂等已不复见，其类型与闽西、闽南不同。

据统计，本植被区内共有兰科植物42属86种，分别占全省属、种总数的59.15%与55.84%。地生类型与附生类型分别有28属57种和16属29种。本植被区出现较多的仅分布在本区的一些属，如地生类型的有宽距兰属（*Yoania*）、双唇兰属（*Didymoplexis*）、天麻属（*Gastrodia*）、指柱兰属（*Stigmatodactylus*）、山兰属（*Oreorchis*）、鸟巢兰属（*Neottia*）、全唇兰属（*Myrmechis*）等，附生类型的有鸢尾兰属（*Oberonia*）、风兰属（*Neofinetia*）、槽舌兰属（*Holcoglossum*）等。

福建兰科植物中没有特有属，仅有2个特有种，即武夷山天麻与福建羊耳蒜，在本植被区中均有发现，且武夷山天麻仅发现于本植被区内。这主要可能是由于武夷山自然保护区具有丰富的森林生态系统，保留有大量的较为原始的森林与植物群落，为兰科植物生长提供了良好的生态环境。同时，武夷山自然保护区具有生物多样性的独特地位，为我国东南部的一个物种形成和分化中心，具有较为丰富的特有种。

第四章　福建省野生兰科植物开发利用与保护策略

FUJIANSHENG YESHENG LANKE ZHIWU KAIFA LIYONG YU BAOHU CELUE

一、开发利用现状

福建省兰科植物开发利用历史悠久，特别是作为名贵花卉的兰属（*Cymbidium*）植物，其开发历史可追溯到宋代。福建省兰科植物作为药用资源开发利用亦有长久之历史，长期以来利用石斛属（*Dendrobium*）、斑叶兰属（*Goodyera*）、兰属、金线兰属（*Anoectochilus*）、竹叶兰属（*Arundina*）、石仙桃属（*Pholidota*）、玉凤花属（*Habenaria*）、绶草属（*Spiranthes*）等兰科植物作为草药。

近年来，随着市场需求的不断增加，福建省有关机构已将部分种类进行了成功的开发利用，并取得了良好的成效，规模和效益稳步增长，成为福建省花卉的一个新增长点。目前福建省野生兰花资源的开发主要集中在国兰、金线兰（*A. roxburghii*）和铁皮石斛（*D. catenatum*）。其中福建连城兰花有限公司经过20年的发展逐步成为我国最大的国兰栽培基地之一，其收集的种类、种苗的数量均居国内前列。近年来，福建连城兰花股份有限公司和福建农林大学海峡兰花保育研究中心合作开展了国兰的调控制栽培与新品种选育系列技术的研究工作，取得了阶段性成果。在福建省现已有大量企业和科研院所开展了金线兰和铁皮石斛种苗快繁和规模化栽培，栽培面积不断增加，形成了种苗快繁、栽培、加工销售一条龙的产业结构。永安、邵武、连城、宁德等地栽培规模日益扩大，金线兰和铁皮石斛成为林下经济的主打种类，产品远销海内外。

二、致濒因素分析

福建省野生兰科植物物种较为丰富，分布较广，但由于多种原因，目前资源生存现状不容乐观，主要原因为以下几个方面。

1. 兰科植物适生生境破坏严重

随着人口不断增长，不少地方毁林开荒，改种经济作物，加之近30年来人工林的迅速增长，导致大面积的阔叶林和灌木林被毁，造成森林生态系统的破坏，最终使兰科植物的生存环境遭到严重威胁。生境的破坏使得兰科植物的分布范围不断缩小，分布数量也越来越少。另外，全球气候变化、人类活动增多、化学药剂滥用和自然灾害等因素造成生境破坏也是导致大多数兰科植物稀有和濒危的重要原因。

2. 兰科植物资源过度开发和低效率利用

20世纪80、90年代，受海内外国兰炒作热潮的影响，大量的兰花资源被采挖、收购，这种近乎疯狂的方式，直接导致野生兰花资源流失、浪费，破坏极大，兰花资源面临灭顶之灾。如兰属中的墨兰（*C. sinense*），曾在福建的平和、南靖等山区中广泛分布，资源十分丰富，但从20世纪90年代初期起，由于在国际市场上价格较高、出口需求量较大以及兰花经销商高价收购，致使墨兰不断被搜寻采集，目前野外已非常难以找到其踪迹。此外，20世纪90年代末期，全省数次商业性收购细茎石斛（*D. moniliforme*），致使群众四处采集，使细茎石斛资源受到十分严重的破坏，事后不久，随着金线兰、毛叶芋兰（*Nervilia plicata*）等种类药用价值的新发现，使得这些野生种几乎人见人采，濒临灭绝。

兰科植物栽培的历史虽然已超过两千年，但是目前野生兰科植物资源利用方法仍比较单一，育种与繁殖技术水平亦较为低下，多数依然沿袭传统的分株和依赖野生植株的自然变异，缺乏高效的人工育种技术。

3. 缺乏有力有序的管理机制和保育措施

所有野生兰科植物均已被纳入《野生动植物濒危物种国际贸易公约》，是该公约所保护植物种类的“旗舰”类群，占90%以上。很长一段时期以来，我国野生兰科植物的保护没有专门立法，福建省乃至全国的相关从业者对野生兰科植物资源开发呈现一种无序状态。相关的管理机制不健全，缺乏行之有效、操作性强的野生兰科植物资源保护的法律法规，管理部门无章可循，行业协会无权管理，以至于在野生兰科植物资源遭到破坏时处于失控局面。目前更谈不上采取适当保育措施恢复生境、增加居群数量或迁地保护了。

4. 兰科植物自身遗传机制和繁殖能力限制

由于兰科植物种子发芽和传粉机制的独特性，在自然状态下其种子萌发率极低，从而导致其繁殖能力低下。另外，种群密度低、扩散能力弱、栖息地特化程度高等原因，也是兰科植物在生境遭到破坏的条件下比其他植物更容易走向濒危的重要因素。

三、保育对策

我国在兰科植物研究和保育方面与国际先进水平相比存在较明显的差距，笔者结合福建实际，提出以下几个方面的保育对策，供管理机构和科研工作者参考。

1. 加强兰科植物相关法律、法规的建设

尽快制订行之有效、可操作性强的兰科植物资源保护法规，加强执法和监督。同时，兰科植物保护和管理不仅需要行业主管部门自身的努力，更需要各级政府和有关部门的重视和支持以及社会广大群众的理解和关心。管理部门应利用各种传媒形式广泛宣传保护兰科植物的重要性，同时应加强宣传教育和科学引导，增强人们的法制意识和观念，提高人们保护生物多样性的自觉意识。

2. 加强对野生兰科植物资源考察和基础研究，确定保育目标和措施

对福建省野生兰科植物进行有效地保育，必须加强对野生兰科植物资源进行全面系统地调查研究。通过反复多次的野外资源调查，准确、全面地收集和分析每个种的分布地区、传粉媒介、繁殖方式、生境特征、相对居群数量和大小以及居群的遗传结构等基础资料，科学合理地评价物种濒危程度，确定优先保育目标物种，制定针对性的保育措施。由于福建省内目前从事兰科植物研究的人员有限，调查覆盖的地区以及调查的深度均受到一定限制。因此，继续加强对兰科植物野生资源研究仍然是十分必要的工作。

3. 加快兰科植物开发研究，提高利用水平

目前，提高野生兰科植物资源的开发利用研究水平是当务之急，应充分利用生物技术进行兰科植物种质资源利用方式创新，加快福建省兰科花卉育种工作和繁育新技术进

程。其中，重点开展以下几方面的研究：

（1）对观赏价值较高或具优良特性的种类进行引种驯化及其生物学特性观察；

（2）兰科植物快繁技术研究；

兰科植物快繁

（3）进行针对性的栽培技术和栽培生理研究；

（4）兰科观赏植物的新品种育种技术研究，包括杂交育种、化学诱变育种、辐射诱变育种、细胞杂交育种及基因工程育种等方式；

（5）兰科观赏植物花期调控技术研究。

人工育种技术的革新既可缓解人们直接从自然环境中获取新品种的压力，又可缓解对野生资源的压力，有力地保护了野生兰科植物资源。

福建农林大学森林兰苑兰科植物资源圃

福建农林大学森林兰苑内正在开花的金钗石斛（*Dendrobium nobile*）

4. 建立野生兰科植物迁地保育与就地保育机制

（1）迁地保育

迁地保育是将要保育的种质资源（包括种子、花粉、组织和个体）从其原产地或自然生境中迁徙到一定的保育设施或场所中进行保育的方法。当某种兰科植物的生境面临完全丧失的危险或受到过大的采集压力时，迁地保育就成为唯一可行的保育措施。可选择福建省野生兰科植物资源丰富且已经初步进行引种育种和资源开发的地区，选择条件适宜的苗圃或试验基地建立野生兰花种质资源库，实行迁地保育。利用迁地保育的方式，将兰科植物种质资源置于科学有效的监护和管理下，并建立完善便捷的资源信息系统，有利于对保育的遗传资源进行进一步研究，从而提高被保育资源的价值。

（2）就地保育

建立自然保护区是进行物种就地保育的有效方式，特别是对于兰科植物，因其鉴定和识别难度较大。而我国目前又未将整个兰科植物纳入保护法律系统下，使得建立自然保护区成为保护兰科植物整体野生资源的重要途径。同时，还应尽快在现有资料的基础上，在兰科植物种类丰富的地区建立保护区、保护小区、保护点和禁采地，这也是福建省对野生兰科植物实行就地保育工作的当务之急。

福建野生兰科植物

Native Orchids in Fujian

各论
SPECIES

第五章　福建省野生兰科植物属、种记述

FUJIANSHENG YESHENG LANKE ZHIWU SHU ZHONG JISHU

一、兰科（Orchidaceae）植物特征

地生或附生多年生草本，极少为亚灌木或攀缘藤本，自养或较少为菌根营养而不具绿叶。地生种类常具根状茎或块茎，而附生种类具肥厚的气生根。茎直立、匍匐、悬垂或攀缘，合轴或单轴，延长或缩短，常部分或全部膨大为具1节或多节、呈各种形状的假鳞茎。叶通常互生，有时生于假鳞茎顶端或近顶端，极少为对生或轮生，扁平、两侧压扁或圆柱状，通常无毛，顶端有时为不等的2裂，基部有时具关节，通常具抱茎的鞘。花葶或花序顶生或侧生；花单生或排列成总状、穗状、伞形或圆锥花序；花通常鲜艳，两性，极少为单性，两侧对称，常因子房呈180°角扭转、弯曲或下垂而使唇瓣位于下方；花被片外轮中央的1片称中萼片，两侧的2片称侧萼片，后者极少合生成合萼片，有时其基部贴生于蕊柱足上而成萼囊；内轮两侧的2片称花瓣，中央特化的1片称唇瓣；唇瓣常常有极为复杂的结构，呈各种形状，上面通常具脊、褶片、胼胝体或其他附属物，基部有时具囊或距；雄蕊与雌蕊合生而形成蕊柱，蕊柱通常半圆柱形，基部有时延伸为蕊柱足，顶端一般具有药床；能育雄蕊通常1枚，生于蕊柱顶端背面（为外轮中央雄蕊），较少为2枚而侧生（为内轮侧生雄蕊）；退化雄蕊有时存在；柱头侧生或极少顶生，凹陷或凸起，其上方常有1个喙状的小突起，称蕊喙；花药通常2室，内向，直立或前倾；花粉常黏合成花粉团；花粉团2~8个，粉质或蜡质，常与花粉团柄以及来自蕊喙的蕊喙柄和黏盘组成花粉块；子房下位，1室，具侧膜胎座和倒生胚珠。蒴果常为三棱状圆柱形或纺锤形，成熟时开裂为3~6果瓣，开裂后顶端部分仍相连；种子极多数，微小，无胚乳，通常具膜质或呈翅状扩张的种皮，胚小，未分化。

约有800属25000种，分布于全世界的热带、亚热带和温带地区，尤以南美洲与亚洲热带地区为多。我国约有194属1400种，主要分布于长江流域和以南各地。福建省约有71属154种。

图5-1　橙黄玉凤花 *Habenaria rhodocheila*

图5-2　寒兰 *Cymbidium kanran*

图5-3　石仙桃 *Pholidota chinensis*

图5-4　大序隔距兰 *Cleisostoma paniculatum*

二、分属检索表

福建省野生兰科植物分属检索表

1. 花期无叶。
  2. 自养植物，花凋谢后具一枚绿叶或无叶而根有叶绿素。
    3. 地生草本，花凋谢后具一枚圆的心形叶 ························ 27.芋兰属*Nervilia*
    3. 附生草本，无叶，具浅绿色的根。
      4. 萼片与花瓣在中部以下合生成筒状，上部离生··· 58.带叶兰属 *Taeniophyllum*
      4. 萼片与花瓣离生 ······································ 65.异型兰属 *Chiloschista*
  2. 菌根营养植物，无绿叶，根亦无叶绿素。
    5. 花不倒置，唇瓣位于上方 ······························ 10.齿唇兰属*Odontochilus*
    5. 花倒置，唇瓣位于下方。
      6. 萼片与花瓣合生成长或短的花被筒。
        7. 萼片与花瓣几乎整个长度合生成花被筒；唇瓣包藏筒内 ····················· ··28.天麻属*Gastrodia*
        7. 萼片与花瓣仅1/2合生成花被筒；唇瓣不包藏于筒内 ························ ··· 29. 双唇兰属*Didymoplexis*
      6. 萼片与花瓣离生。
        8. 花在萼片基部与子房顶端之间有一个浅杯状附属物(副萼)····················· ··22.盂兰属*Lecanorchis*
        8. 花不具上述副萼。
          9. 唇瓣中部缢缩而形成上下唇，基部不具伸出的囊或距 ···················· ··· 25.无叶兰属*Aphyllorchis*
          9. 唇瓣中部不缢缩不形成上下唇，基部具伸出的囊或距。
            10. 唇瓣不裂；基部距长约7mm ···························· 31.宽距兰属*Yoania*
            10. 唇瓣3裂；基部囊状距长约2mm ···················· 38.美冠兰属*Eulophia*
1. 花期具1枚至多数叶（有时未发育完全）。
  11. 唇瓣兜状；能育雄蕊2枚；花粉不黏合成花粉团块········· 1.兜兰属*Paphiopedilum*
  11. 唇瓣不为兜状；能育雄蕊1枚；花粉黏合成花粉团块。
    12. 攀缘藤本；果实为肉质荚果，不开裂；种子具厚的外种皮，无翅 ··············· ·· 21.香荚兰属*Vanilla*
    12. 直立植物；果实为蒴果，开裂；种子不具厚的外种皮，两端具延长的翅。
      13. 花粉团由许多可分的小团块组成。
        14. 植株通常具1～2个近长圆形、卵形、椭圆形或纺锤形的块茎；花药以宽阔的基部与蕊柱合生，宿存。
          15. 唇瓣无距；黏盘卷成角状 ························ 15.角盘兰属 *Herminium*
          15. 唇瓣具距；黏盘不为上述情形。
            16. 唇瓣舌状，不裂 ································ 14.舌唇兰属*Platanthera*
            16. 唇瓣明显3裂。

17. 花苞片叶状；唇瓣距长 6~10cm …………… 18.白蝶兰属*Pecteilis*
17. 花苞片不为叶状；唇瓣距常短于5cm。
18. 叶1枚 …………………………………16.无柱兰属*Amitostigma*
18. 叶2至多枚。
19. 总状花序偏向一侧；蕊喙两侧无臂状物 ……………………
………………………………………… 17.兜被兰属*Neottianthe*
19. 总状花序不偏向一侧；蕊喙两侧各有1个臂状物。
20. 唇瓣的距长1~4mm；药室平行；蕊喙很短…………………
…………………………………………19.阔蕊兰属*Peristylus*
20. 唇瓣的距长1.3~4cm（除*Habenaria diplonema*外）；药室叉开；蕊喙较长 ……………………… 20.玉凤花属*Habenaria*
14. 植株具匍匐、伸长、茎状的根状茎；花药基部不与蕊柱完全合生，后期枯萎或脱落。
21. 叶片线形至线状披针形，长为宽的5～10倍，基部无柄 ……………
………………………………………………… 8.线柱兰属*Zeuxine*
21. 叶卵状披针形至椭圆形，长不超过宽的3倍，基部具柄。
22. 萼片在近中部以下合生成萼筒 …………… 5.叉柱兰属*Cheirostylis*
22. 萼片离生，不形成萼筒。
23. 叶很小，通常长度不超过1cm；花不甚张开 ……………………
…………………………………………………6.全唇兰属*Myrmechis*
23. 叶较大，通常长2cm以上；花张开。
24. 叶的上表面有金黄色或红色的主脉或网脉。
25. 叶的上表面有3~5条金黄色或红色脉；唇瓣中部不收狭为条形爪，基部囊状 ……………………… 3.血叶兰属*Ludisia*
25. 叶上表面有金黄色网脉；唇瓣中部收狭成条形爪，爪两侧有数枚小齿或流苏，基部有圆锥形距…………………………
…………………………………… 9.金线兰属*Anoectochilus*
24. 叶的上表面不具金黄色或红色脉，有时有白色脉。
26. 唇瓣基部有圆筒状的距，距内无胼胝体或毛………………
…………………………………………4. 钳唇兰属Erythrodes
26. 唇瓣基部凹陷成囊，无距，囊内常有胼胝体或毛。
27. 唇瓣呈“Y”字形，中部收狭为条形爪，爪两侧具流苏
………………………………… 10.齿唇兰属*Odontochilus*
27. 唇瓣不呈“Y”字形，无爪。
28. 花不倒置，唇瓣位于上方；柱头2个
…………………………………… 7.菱兰属*Rhomboda*
28. 花倒置，唇瓣位于下方；柱头1个
………………………………… 2.斑叶兰属*Goodyera*
13. 花粉团不具可分的小团块。
29. 花粉团粒粉状，柔软。

30. 叶1枚。
31. 叶基生，圆筒状，近轴面具纵槽；花序具数花至多花；…………………………………………………………………………… 13.葱叶兰属*Microtis*
31. 叶生于茎中部或中上部，扁平；花序具1~3朵花。
32. 叶小，长3~5mm；花粉团4个 ……… 12.指柱兰属*Stigmatodactylus*
32. 叶较大，长3cm以上；花粉团2个 …………… 23.朱兰属*Pogonia*
30. 叶2至多枚。
33. 叶纸质或薄革质，折扇状。
34. 花苞片宿存；唇瓣基部有短距…………24.头蕊兰属*Cephalanthera*
34. 花苞片早落；唇瓣基部无距…………………………30.白及属*Bletilla*
33. 叶草质或膜质，非折扇状。
35. 叶数枚；花序呈螺旋状扭转…………………… 11.绶草属*Spiranthes*
35. 叶2枚；花序不呈螺旋状扭 ………………………26.鸟巢兰属*Neottia*
29. 花粉团蜡质，较坚硬或坚硬。
36. 植株单轴生长，无假鳞茎、肉质茎、块茎或肥厚的根状茎。
37. 叶圆柱形或半圆柱形。
38. 茎纤细，粗约1.5mm； 叶长5~8mm …… 62.钻柱兰属*Pelatantheria*
38. 茎粗超过3mm；叶长超过2cm。
39. 叶近轴面具凹槽；唇瓣基部具角状距 … 71.槽舌兰属*Holcoglossum*
39. 叶不具凹槽；唇瓣基部无距或具一个近球形的距。
40. 花序较叶长，具多数花；唇瓣基部具1个近球形的距 ………………………………………………………63.隔距兰属*Cleisostoma*
40. 花序较叶短，具2~3朵花；唇瓣基部无距 … 69.钗子股属*Luisia*
37. 叶扁平。
41. 唇瓣基部无囊，亦无距，先端收狭为尾状，尾末端分裂成2枚小裂片…………………………………………………… 59. 蛇舌兰属*Diploprora*
41. 唇瓣基部具囊或距，先端不为上述情形。
42. 唇瓣基部以1个可活动的关节连接于蕊柱足末端 ………………………………………………………………………68.萼脊兰属*Sedirea*
42. 唇瓣与蕊柱连接处无关节，不活动。
43. 花不倒置，唇瓣位于上方 ………………… 60.脆兰属*Acampe*
43. 花倒置，唇瓣在下方。
44. 唇瓣分为上、下唇，下唇凹陷成近球形、杯状或圆形的囊 …………………………………………… 70.盆距兰属*Gastrochilus*
44. 唇瓣3裂，基部具距。
45. 蕊柱足明显 ……………………… 64.白点兰属*Thrixspermum*
45. 蕊柱足无。
46. 唇瓣的距内具纵隔膜…………63.隔距兰属*Cleisostoma*
46. 唇瓣的距内无纵隔膜。
47. 唇瓣的距中部缢缩而下部扩大成拳卷状……………

…………………………………… 66.寄树兰属*Robiquetia*

47. 唇瓣的距不为上述情形。

48. 距纤细，长3.5~5cm ……………67.风兰属*Neofine*

48. 距短，长约2mm……… 61.匙唇兰属*Schoenorchis*

36. 植株合轴生长，通常具假鳞茎、肉质茎、块茎或肥厚的根状茎。

49. 花粉团8个或6个。

50. 萼片黏合成膨大的坛状筒，花瓣包藏于筒内 ………………………

……………………………………………45.坛花兰属*Acanthephippium*

50. 萼片离生，不为上述情形。

51. 叶1枚。

52. 花序生于假鳞茎侧面或基部；花苞片明显短于花 ……………

…………………………………………………… 40.带唇兰属*Tainia*

52. 花序生于假鳞茎顶端；花苞片明显长于花 ……………………

……………………………………… 53.宿苞兰属*Cryptochilus*

51. 叶2至多枚，极罕1枚（苞舌兰属*Spathoglottis*偶见1枚叶）。

53. 蕊柱足明显；侧萼片与蕊柱足合生成萼囊。

54. 植株不具假鳞茎；花粉团6个 ……54.牛齿兰属*Appendicula*

54. 植株具明显的假鳞茎；花粉团8个。

55. 花序生于假鳞茎上部，具十余朵花 ……… 51.毛兰属*Eria*

55. 花序生于假鳞茎顶端，具1~3朵花… 52.蛤兰属*Conchidium*

53. 蕊柱足无。

56. 唇瓣无距。

57. 植株具明显假鳞茎 …………… 41.苞舌兰属*Spathoglottis*

57. 植株不具假鳞茎。

58. 叶线状披针形，禾叶状；花序顶生 ……………………

…………………………………… 47.竹叶兰属*Arundina*

58. 叶长圆状椭圆形至长圆状披针形，折扇状；花序侧生于茎中部以下的节上 ……… 42.黄兰属*Cephalantheropsis*

56.唇瓣有距（除无距虾脊兰*Calanthe tsoongiana*外）。

59. 唇瓣不与蕊柱翅合生成管…………… 43.鹤顶兰属*Phaius*

59. 唇瓣与蕊柱翅合生形成管………… 44.虾脊兰属*Calanthe*

49. 花粉团4个或2个。

60. 花粉团2个。

61. 假鳞茎圆柱形，顶生1枚近椭圆形的叶 … 46.吻兰属*Collabium*

61. 假鳞茎非圆柱形，顶生少数至多数带状至带状线形的叶 ……

…………………………………………………… 39.兰属*Cymbidium*

60. 花粉团4个。

62. 蕊柱具明显的蕊柱足；侧萼片基部贴生于蕊柱足上，形成萼囊。

63. 花葶或花序从假鳞茎基部或根状茎上发出 …………………

……………………………………… 57.石豆兰属*Bulbophyllum*

63. 花葶或花序从假鳞茎或茎的近中部至上部发出。

64. 植株具假鳞茎；假鳞茎疏生于根状茎上，无明显的节 ………………………………… 56.厚唇兰属*Epigeneium*

64. 植株具多节的肉质茎 ………………55.石斛属*Dendrobium*

62. 蕊柱不具蕊柱足；侧萼片基部贴生于蕊柱基部，无萼囊。

65. 叶两侧压扁，基部相互套叠 …………… 36.鸢尾兰属*Oberonia*

65. 叶扁平，不为两侧压扁。

66. 花葶或花序顶生。

67. 叶革质；花序柄无翅。

68. 唇瓣基部不凹陷成囊状 ……… 48.贝母兰属*Coelogyne*

68. 唇瓣基部凹陷成囊状 …………… 50.石仙桃属*Pholidota*

67. 叶纸质或草质；花序柄具狭翅。

69. 花不倒置，唇瓣位于上方。

70. 唇瓣先端2裂，基部有1对耳围抱蕊柱 ……………… ………………………………… 33.沼兰属*Crepidium*

70. 唇瓣先端3裂，基部无耳 …… 34.无耳沼兰属*Dienia*

69. 花倒置，唇瓣位于下方。

71. 花较小，直径约2mm；蕊柱短，直立 ……………… ……………………………… 35.小沼兰属*Oberonioides*

71. 花较大，直径5mm以上；蕊柱较长，弯曲 ………… ………………………………………… 32.羊耳蒜属*Liparis*

66. 花葶或花序侧生。

72. 假鳞茎顶端具环而呈浅杯状；叶1枚，在花期未完全长成 ………………………………………49.独蒜兰属*Pleione*

72. 假鳞茎不为上述情形；叶2至多枚，在花期已长成。

73. 叶纸质，折扇状 ……………………37.山兰属*Oreorchis*

73. 叶革质，非折扇状 ………………… 39.兰属*Cymbidium*

三、属、种记述

1.兜兰属 *Paphiopedilum* Pfitz.

地生、半附生或附生草本。茎短，包藏于叶基内。叶基生，2列，多枚，对折，狭长圆形至近带形，上面深绿色或有深浅绿色方格斑块或不规则斑纹，背面浅绿色或有时有淡红紫色斑点或浓密至完全淡紫红色。花葶从叶丛中长出，常具单花，较少具多花；花苞片较小；花通常大而艳丽；中萼片常直立，边缘有时向后卷；2枚侧萼片通常合生成1枚合萼片；花瓣形状多样；唇瓣兜状，基部常具宽柄，囊口较宽大，口的两侧常有直立而呈耳状并多少有内折的侧裂片，较少无耳或整个边缘内折，囊底一般有毛；蕊柱短，具2枚侧生的能育雄蕊和1枚位于上方的退化雄蕊；花药2室，具很短的花丝；花粉粉状或有黏性，但不黏合成花粉团块；柱头1个，表面有乳突，并有不明显3裂。

本属80～85种，主要分布于亚洲热带地区至太平洋岛屿，部分种类延伸至亚热带地区。我国有27种，产西南至华南地区。福建有1种。

紫纹兜兰

Paphiopedilum purpuratum (Lindl.) Stein, Orchideenbuch, 481. 1892.
—— *Cypripedium purpuratum* Lindl. , Edward's Bot. Reg. 23: t. 1991. 1837.

地生草本。叶狭椭圆形或长圆状椭圆形，长7~18cm，宽2.3~4.2cm，上面具暗绿色与浅黄绿色相间的网格斑，背面浅绿色。花葶紫色，密被短柔毛，顶端具1朵花；花苞片卵状披针形，围抱子房，背面被柔毛，边缘具长缘毛；花梗连子房长3~6cm，密被短柔毛；中萼片白色并具粗的栗色脉，卵状心形，长3~4cm，宽3~4.2cm，先端短渐尖，边缘外弯并疏生缘毛，背面被短柔毛；合萼片白色而有绿色脉，卵状披针形，长2~3.5cm，宽约1.3cm，先端渐尖，背面被短柔毛，边缘具缘毛；花瓣近紫栗色，下半部有黑栗色斑点或疣点，近长圆形，长3.5~5cm，宽1~1.6cm，先端渐尖，边缘具缘毛；唇瓣紫栗色，倒盔状，基部具宽阔的、长1.5~1.7cm的柄；囊近宽长圆状卵形，向末略变狭，长2~3cm，宽2.5~2.8cm，囊口极宽阔，两侧各具1个直立的耳，两耳前方的边缘不内折，囊外被小乳突；退化雄蕊肾状半月形或倒心状半月形，长约8mm，宽约1cm，上面有2个有绿色脉纹的斑块，具极微小的乳突状毛。花期10~12月。

产于平和。生于林下，海拔约700m。分布于广东、广西、香港、云南。越南也有。

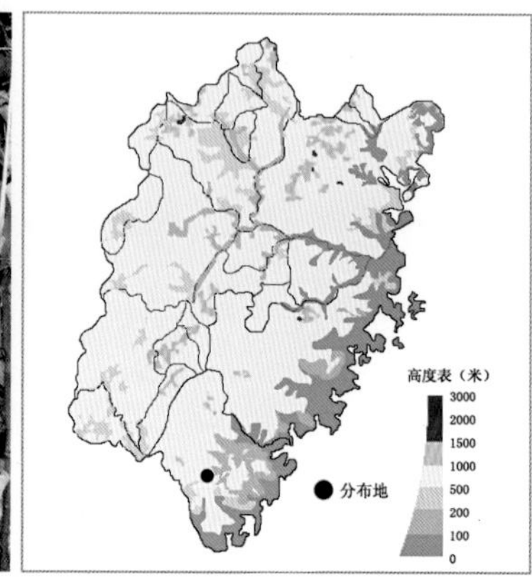

2.斑叶兰属 *Goodyera* R. Br.

地生草本。茎直立，基部常具匍匐生根的根状茎。叶互生，上面常具杂色的斑纹。总状花序顶生，具1至多花；花倒置，唇瓣位于下方；萼片离生，近相似，背面常被毛；中萼片直立，凹陷，常与较狭窄的花瓣靠合而成兜状；唇瓣不裂，基部凹陷成囊状；囊内常有毛或乳突；蕊柱短，无附属物；蕊喙长或短，2裂；柱头1个；花粉团为具小团块的粒粉质，2个，每个纵裂为2，附着于1个黏盘上。

本属约100种，自北温带向南可至墨西哥、东南亚、澳大利亚、太平洋西南部岛屿和非洲南部。我国有29种。福建有9种。

分种检索表

1. 叶片上表面具白色斑纹。
  2. 花序常具2朵花；花大，萼片长约2.5cm ……………9. 大花斑叶兰 *G.bifiora*
  2. 花序具数朵至10余朵花；花小，萼片长不超过1cm。
    3. 萼片长9~10mm；唇瓣囊内有毛……………1. 斑叶兰 *G. schlechtendaliana*
    3. 萼片长3~4mm；唇瓣囊内无毛 ……………………2. 小斑叶兰 *G. repens*
1. 叶片上表面不具白色斑纹。
  4. 叶上面深绿色或暗紫绿色，背面紫红色 …………8. 绒叶斑叶兰 *G. velutina*
  4. 叶绿色。
    5. 侧萼片颇为张开，且向后反折。
      6. 叶稍肉质，边缘多少具齿状裂；花序柄浅绿色 ……………………………………………………………………4. 歌绿斑叶兰 *G. seikoomontana*
      6. 叶质地薄，全缘；花序柄棕红色 ………… 5.绿花斑叶兰 *G. viridiflora*
    5. 侧萼片仅上部稍张开，不向后反折。
      7. 花不偏向一侧；萼片背面无毛 ………………6. 高斑叶兰 *G. procera*
      7. 花常偏向一侧；萼片背面被毛。
        8. 唇瓣囊内无毛 ……………………………3. 长苞斑叶兰 *G. recurva*
        8. 唇瓣囊内具腺毛 …………………………7. 多叶斑叶兰 *G. foliosa*

1. 斑叶兰

Goodyera schlechtendaliana Rchb. f., Linnaea 22: 861. 1849.

植株高6~25cm。叶4~6枚，卵形或卵状披针形，长2.1~4.5cm，宽1.1~1.9mm，上面绿色，具不规则的白色点状斑纹，背面淡绿色。总状花序具数朵至10余朵花，多偏向一侧；花白色；萼片背面被柔毛；中萼片狭椭圆状披针形，长约9~10mm，宽约3.5mm，与花瓣靠合成兜状；侧萼片卵状披针形，长约9mm；花瓣狭椭圆状菱形，长约8mm，宽约2.2mm；唇瓣卵形，长约8.5mm，基部凹陷的囊内具多数腺毛。花期10~11月。

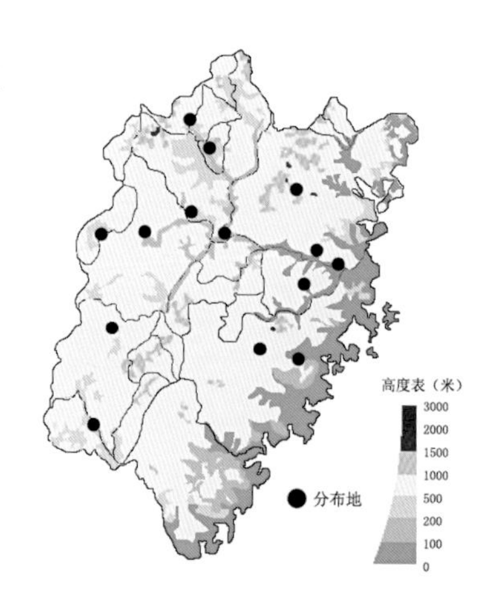

产于屏南、闽侯、福州、永泰、仙游、德化、上杭、连城、建宁、将乐、顺昌、南平、建阳、武夷山。生于山坡阴湿处或阔叶林下、竹林下，海拔600~1500m。分布于安徽、甘肃、广东、广西、贵州、海南、河南、湖北、湖南、江苏、江西、陕西、山西、四川、台湾、西藏、云南、浙江。不丹、印度、印度尼西亚、日本、朝鲜半岛、尼泊尔、泰国、越南也有。

2. 小斑叶兰

Goodyera repens (L.) R. Br., Hortus Kew. 5: 198. 1813.
—— *Satyrium repens* L., Sp. Pl. 945. 1753.

植株高8~23cm。叶数枚，卵形或卵状椭圆形，长1~3cm，宽0.5~1.5cm，上面深绿色并具白色斑纹，背面淡绿色。总状花序具数朵至10余朵花；花小，白色，有时带绿色或粉红色；萼片背面被腺毛；中萼片卵形或卵状长圆形，长3~4mm，宽约1.3mm，与花瓣靠合成兜状；侧萼片略宽，斜卵形或卵状椭圆形；花瓣匙形，较狭；唇瓣卵形，与中萼片近等长，较宽，基部凹陷的囊内无毛。花期7~8月。

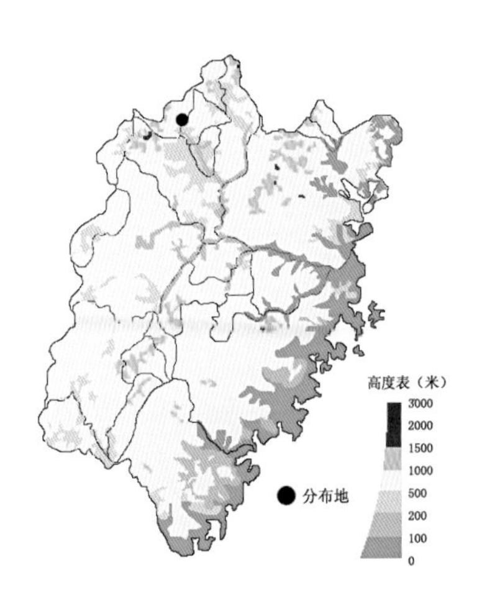

产于武夷山。生于沟谷林下阴湿处。分布于安徽、甘肃、河北、黑龙江、河南、湖北、湖南、吉林、辽宁、内蒙古、青海、陕西、山西、四川、台湾、新疆、西藏、云南。不丹、印度、日本、克什米尔地区、朝鲜半岛、缅甸、尼泊尔、俄罗斯西伯利亚至欧洲和北美洲也有。

3. 长苞斑叶兰

Goodyera recurva Lindl., J. Proc. Linn. Soc., Bot. 1: 183. 1857.
— *Goodyera prainii* Hook. f., Fl. Brit. India 6: 112. 1890.

植株高12~18cm。叶6~7枚，卵状椭圆形或狭卵形，长4~5.5cm，宽1~3cm，上面绿色，背面淡绿色。总状花序具多数偏向一侧的花；花苞片狭披针形，下部的长于花，背面被毛；花较小，白色，半张开；萼片背面被毛；中萼片卵形，长5~6mm，宽3~3.5mm；侧萼片斜长圆形，长5~6mm，宽约2mm；花瓣斜线状长圆形，长5~6mm，宽约1.5mm，无毛；唇瓣宽卵形，长5~6mm，宽约3mm，基部凹陷的囊内无毛，具5条粗脉，前部向下弯。花期9月。

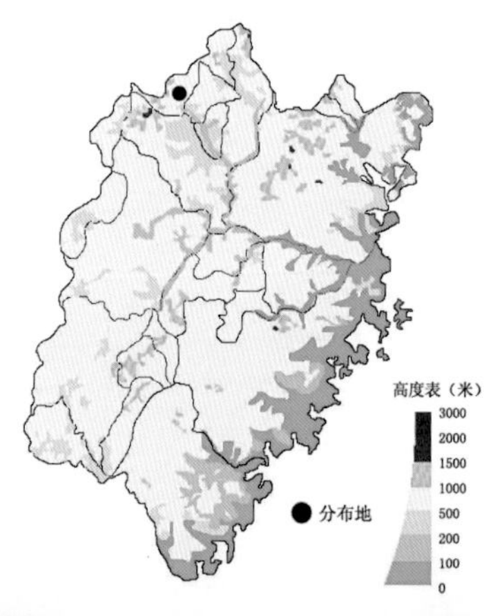

产于武夷山。生于常绿阔叶林内树干上，海拔1400m以上。分布于湖南、云南。不丹、印度也有。

4. 歌绿斑叶兰

Goodyera seikoomontana Yamam., J. Soc. Trop. Agric. 4: 187. 1932.
— *G. viridiflora* (Bl.) Bl. var. *seikoomontana* (Yamam.) S. S. Ying, Col. Ill. Indig. Orch. Taiwan 1(2): 198. 1977.
— *G. youngsayei* S. Y. Hu & Barretto, Chung Chi J. 13(2): 10. 1976.

植株高14~20cm。叶3~4枚，稍肉质，椭圆形或长圆状卵形，长4~5.8cm，宽1~2.5cm，绿色，边缘多少具齿状裂。总状花序具2朵花；花序柄浅绿色，被毛；花苞片披针形，长1.8cm，先端渐尖，具缘毛；子房具少数毛，连花梗长约1.5cm；花绿色，张开；中萼片卵形，凹陷，长1.5~1.6cm，宽5~7mm，具3脉，与花瓣靠合成兜状；侧萼片向后伸展，椭圆形，长1.4~1.5cm，宽约5mm，先端急尖；花瓣为偏斜的菱形，长1.5~1.6cm，宽5~5.5mm，先端钝，基部渐狭，具1脉；唇瓣卵形，长1.2~1.3cm，宽约7mm，基部凹陷的囊内具密的腺毛，前部三角状卵形，强烈向下反卷。花期3月。

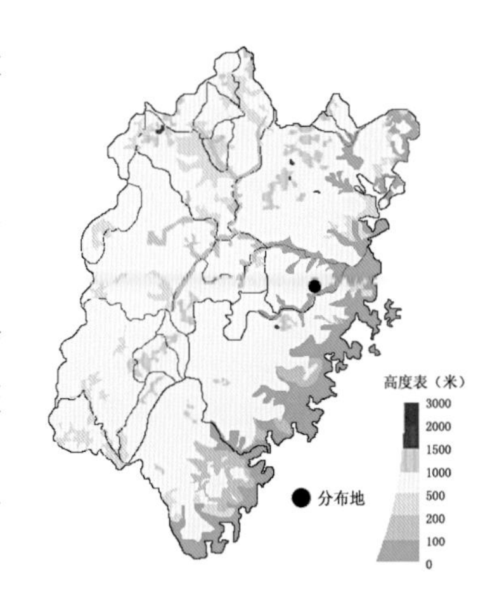

产于永泰。生于林缘的湿润岩石上，海拔350m。分布于香港、台湾。

5. 绿花斑叶兰

Goodyera viridiflora (Bl.) Lindl. ex D. Dietr., Syn. Pl. 5: 165. 1852.
— *Neottia viridiflora* Bl., Bijdr. 408. 1825.

植株高15~20cm。叶2~4枚，质地薄，偏斜的卵形至卵状披针形，全缘，长2~3.5cm，宽约2cm，绿色。总状花序具1~3朵花；花序柄棕红色；花苞片卵状披针形，长约1.5cm，浅红褐色，具缘毛；子房浅红褐色，上部被短柔毛，连花梗长1~1.4cm；花红褐色，张开，无毛；萼片椭圆形；中萼片凹陷，长约1.2cm，宽约4mm，与花瓣靠合成兜状；侧萼片向后伸展；花瓣近菱形，长1.2~1.5cm，宽约5mm；唇瓣基部凹陷的囊内具密的腺毛，前部舌状，向下呈“之”字形弯曲。花期9~11月。

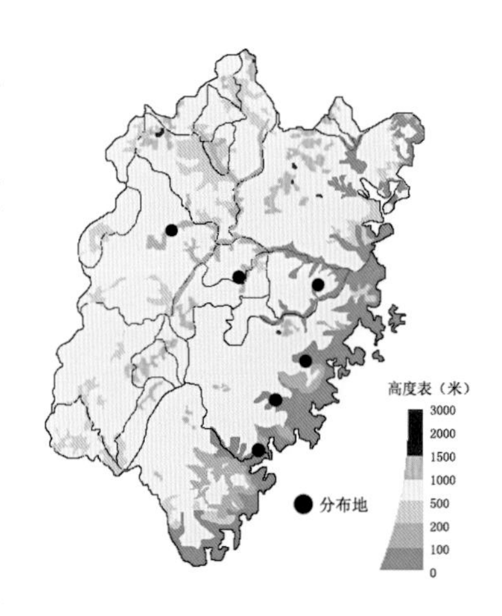

产于永泰、仙游、安溪、厦门、尤溪、将乐。生于阔叶林下或毛竹林下，海拔600~1200m。分布于广东、海南、江西、台湾、云南。不丹、印度、印度尼西亚、日本、马来西亚、尼泊尔、巴布亚新几内亚、菲律宾、泰国、越南、澳大利亚也有。

6. 高斑叶兰

Goodyera procera (Ker Gawl.) Hook., Exot. Fl. 1: ad t. 39. 1823.
—— *Neottia procera* Ker Gawl., Bot. Reg. 8: t. 639. 1822.

植株高30~80cm。叶4~9枚，长圆形或狭椭圆形，长4.5~16.5cm，宽1.8~5.5cm，上面绿色，背面淡绿色。总状花序密生数十朵至更多花；花苞片卵状披针形，长约6mm，具缘毛；子房连花梗稍短于花苞片，被毛；花小，白色带淡绿；萼片卵状椭圆形，无毛，长约2.5mm，宽约1.5mm，中萼片与花瓣靠合成兜状；花瓣与萼片近等长，较狭；唇瓣基部凹陷的囊内具腺毛，前端反卷，唇盘上具2枚胼胝体。花期2~6月。

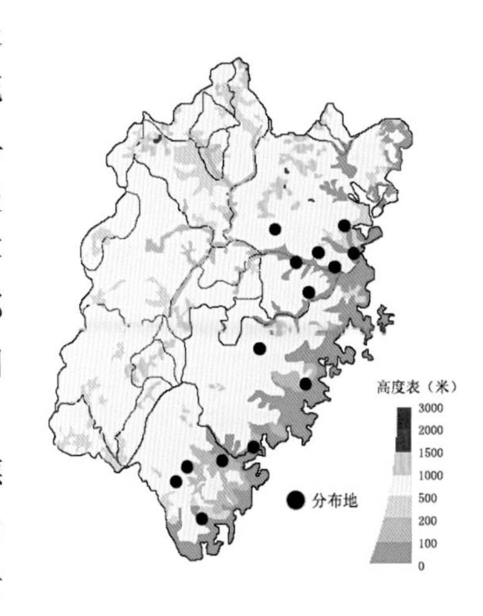

产于古田、罗源、连江、闽侯、闽清、福州、永泰、德化、泉州、厦门、长泰、南靖、平和、云霄。生于溪谷或山涧旁潮湿处，海拔700m以下。分布于安徽、广东、广西、贵州、海南、四川、台湾、西藏、云南、浙江。孟加拉国、不丹、柬埔寨、印度、印度尼西亚、日本、老挝、缅甸、尼泊尔、菲律宾、斯里兰卡、泰国、越南也有。

7. 多叶斑叶兰

Goodyera foliosa (Lindl.) Benth. ex C. B. Clarke, J. Linn. Soc. Bot. 25: 73. 1889.
—— *Georchis foliosa* Lindl. , Gen. Sp. Orchid. Pl. 496. 1840.

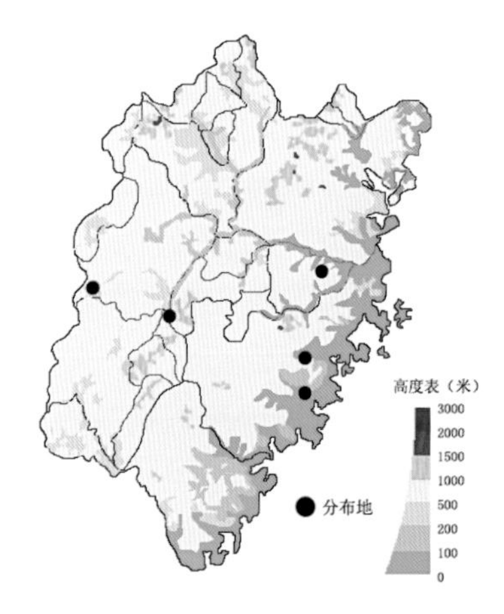

植株高15~20cm。叶4~6枚，叶片卵形至长圆形，偏斜，长3~7cm，宽1.5~3.5cm，绿色。总状花序具5~10余朵密生而常偏向一侧的花；花中等大，白带粉红色或近白色，半张开；萼片卵状披针形，凹陷，长约8mm，宽3mm，背面被毛，中萼片与花瓣靠合成兜状；花瓣斜菱形，长约7mm，中部宽约3mm，无毛；唇瓣基部凹陷的囊内具多数腺毛，前部舌状，先端略反曲。花期7~9月。

产于永泰、仙游、泉州、永安、宁化。生于山坡林下或沟谷阴湿处，海拔200~1000m。分布于广东、广西、四川、台湾、西藏、云南。不丹、印度、日本、朝鲜半岛、缅甸、尼泊尔、越南也有。

8. 绒叶斑叶兰

Goodyera velutina Maxim. ex Regel, Gartenflora. 16: 38. 1867.

植株高8~23cm。叶3~5枚，卵形或卵状长圆形，上面深绿色或暗紫绿色，天鹅绒状，沿中脉具1条白色带，背面紫红色。总状花序具数朵至10余朵花；花小，粉红色，偏向一侧；萼片长约7mm，背面被柔毛，中萼片与花瓣靠合成兜状；花瓣斜长圆状菱形，与萼片近等长，较狭，无毛；唇瓣基部凹陷的囊内具腺毛。花期7~8月。

产于永安、顺昌、武夷山。生于生于密林下或竹林下，海拔约1100m。分布于广东、广西、海南、湖北、湖南、四川、台湾、云南、浙江。日本、朝鲜半岛也有。

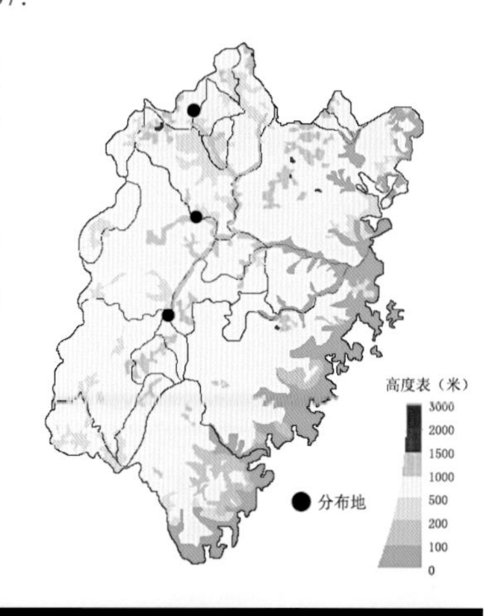

9. 大花斑叶兰

Goodyera biflora (Lindl.) Hook. f. , Fl. Brit. India. 6: 114. 1890.
— *Georchis biflora* Lindl., Gen. Sp. Orch. pl. 496. 1840.

植株高5~15cm。叶4~5枚，卵形或椭圆形，长2~4cm，宽1~2.5cm，上面绿色，具白色网状脉纹，背面淡绿色，有时带紫红色。总状花序常具2朵或偶见3朵常偏向一侧的花；花大，长管状，白色或带粉红色；萼片线状披针形，长约2.5cm，宽3~4mm，背面被短柔毛，中萼片与花瓣靠合成兜状；花瓣稍斜菱状线形，与萼片近等大，无毛；唇瓣线状披针形，基部凹陷的囊内具多数腺毛，前部舌状。花期5~6月。

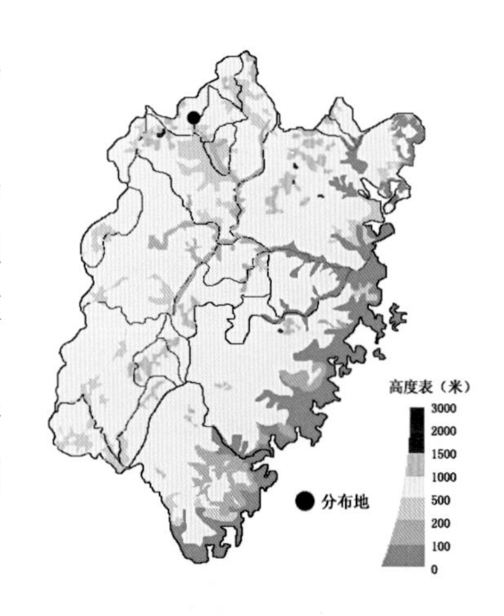

产于武夷山。生于林下阴湿处，海拔约2000m。分布于安徽、甘肃、广东、贵州、河南、湖南、江苏、陕西、四川、台湾、西藏、浙江。印度、日本、朝鲜半岛、尼泊尔、越南也有。

3.血叶兰属 *Ludisia* A. Rich.

地生草本。茎直立，基部具匍匐生根的根状茎。叶互生，上面通常黑绿色或暗紫红色，常具金红色或金黄色的脉。总状花序顶生，花序轴被毛；花倒置，唇瓣位于下方；萼片离生，近相似；中萼片凹陷，与较窄的花瓣靠合成兜状；唇瓣扭转，基部与蕊柱边缘合生，可分为下唇、中唇、上唇；下唇为2浅裂的囊状距；距内具2枚胼胝体；蕊柱在花药下骤然收缩成为蕊柱柄；蕊喙浅2裂，扭曲；柱头1个；花粉团为具小团块的粒粉质，2个，具细长的花粉团柄和黏盘。

本属仅1种，分布于中国至东南亚。福建也有。

血叶兰

Ludisia discolor (Ker Gawl.) A. Rich., Coll. Orchid. 113. 1859.
— *Goodyera discolor* Ker Gawl., Bot. Reg. 4: t. 271. 1818.

植株高10~30cm。叶2~6枚，卵形或卵状长圆形，长2.5~7cm，宽2~3cm，上面黑绿色或带紫红色而具3~5条金红色或金黄色有光泽的脉，背面血红色。总状花序具数朵至10余朵花；花序轴被短柔毛；花苞片带淡红色，边缘具细缘毛；子房被短柔毛；花白色；中萼片卵状椭圆形，长7~9mm，宽约5mm，凹陷，呈舟状，与较窄的花瓣靠合成兜状；侧萼片斜卵形，与中萼片近等大；唇瓣下唇囊状距内具2枚肉质的胼胝体，中唇狭窄，两边缘直立，呈管状，宽约2mm，上唇扩大成横矩圆形，宽5~6mm；蕊柱长约5mm。花期3~5月。

产于闽侯、福州、永泰、南靖、平和。生于溪边林下岩壁上，海拔500m以下。分布于广东、广西、海南、云南。柬埔寨、印度尼西亚、老挝、马来西亚、缅甸、菲律宾、泰国、越南也有。

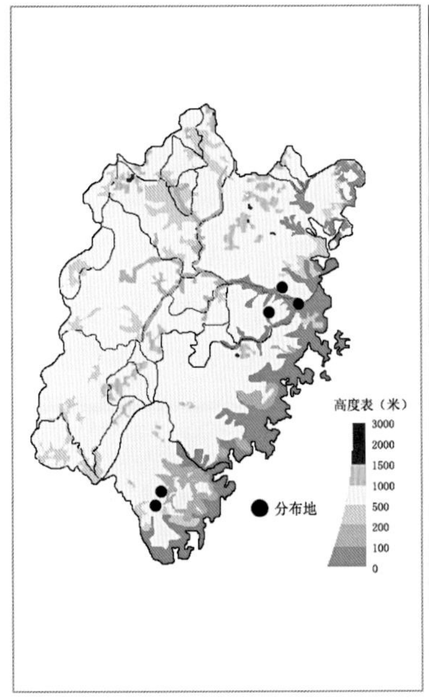

4.钳唇兰属 *Erythrodes* Bl.

地生草本。根状茎伸长，匍匐，肉质，圆柱形，具节，节上生少数根。茎直立或匍匐，圆柱形，具叶。叶绿色至红紫色，稍肉质，具柄。总状花序顶生，直立，具多数花；花较小，倒置，唇瓣位于下方；子房被毛；萼片离生，背面被毛，中萼片与花瓣靠合成兜状；侧萼片张开；唇瓣基部贴生于蕊柱，直立，全缘或3裂，基部具距；距圆筒状，向下伸出于侧萼片基部之外，末端钝，不裂或2浅裂，内面无胼胝体或毛；蕊柱短，顶端扩大；花药直立，2室；花粉团为具小团块的粒粉质，2个，每个多少纵裂为2，附着于1个黏盘上；蕊喙直立，2裂；柱头1个，位于蕊喙之下。

本属约20种，分布于热带亚洲至新几内亚岛和太平洋岛屿。我国有2种。福建有1种。

钳唇兰

Erythrodes blumei (Lindl.) Schltr., Fl. Schutzgeb. Südsee. Nachtr. 87. 1905.
—— *Physurus blumei* Lindl., Gen. Sp. Orchid. Pl. 504. 1840.

植株高20~50cm。茎直立，圆柱形，下部具3~6枚叶。叶片斜卵形，长4.5~10cm，宽2~6 cm，暗绿色，具3条明显主脉。花序柄被毛，具3~6枚鞘状苞片；总状花序具20~30朵花；花小，萼片带红褐色或褐绿色；中萼片长椭圆形，长约5mm，宽约2mm，与花瓣靠合成兜状；侧萼片张开，斜椭圆形或卵状椭圆形，长约6mm，宽约3mm；花瓣绿褐色，倒披针形，长约5mm，宽约2mm，先端钝，中央具1条透明的脉；唇瓣3裂；中裂片反折，宽卵形或三角状卵形，白色；侧裂片直立面小；距下垂，近圆筒状，长1.5~4mm，中部稍膨大，末端2浅裂。花期4~5月。

产于永泰。生于常绿阔叶林下，海拔190m。分布于广东、广西、台湾、云南。印度、印度尼西亚、马来西亚、缅甸、泰国、越南也有。

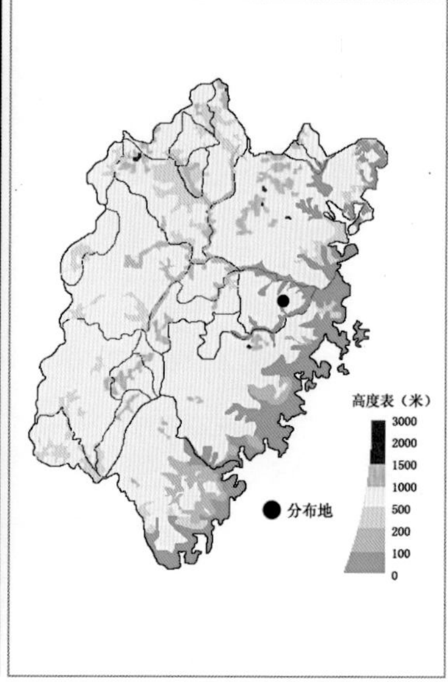

5.叉柱兰属 *Cheirostylis* Bl.

地生或半附生草本。茎直立，常较短，基部具藕状或毛虫状的根状茎。叶近基生或互生。总状花序顶生，具少数花；花倒置，唇瓣位于下方；萼片在中部以下合生成萼筒；花瓣离生，贴生于萼筒；唇瓣基部贴生于蕊柱边缘，常可分为下唇、中唇与上唇，较少例外；下唇常扩大成囊状，囊内具肉质胼胝体；中唇收狭，近管状；上唇扩大，常2裂，裂片边缘有齿或裂缺；蕊柱短，顶端前侧具2枚蕊柱齿；蕊喙叉状2裂；柱头2个；花粉团为具小团块的粒粉质，2个，每个纵裂为2，具短的花粉团柄，附着于1个共同的黏盘上。

本属约50种，分布于热带非洲至热带亚洲至新几内亚岛、澳大利亚和太平洋岛屿。我国有17种，产于台湾、华南至西南地区。福建有1种。

中华叉柱兰

Cheirostylis chinensis Rolfe, Ann. Bot. (Oxford). 9: 158. 1895.

植株较矮，高5~15cm。根状茎匍匐，具节，呈毛虫状，长约10cm。茎淡绿色，具3~4枚叶。叶卵形至阔卵形，长1.1~3cm，宽0.7~3cm，基部近圆形，骤狭成柄；叶柄长约4mm，下部扩大成抱茎的鞘。总状花序被毛，具4~7朵花；花苞片长圆状披针形，长约6.5mm，先端长渐尖，被疏毛；子房连花梗长6mm，被毛；萼片长3~4mm，近中部合生成筒，外表面近基部被疏毛；花瓣白色贴生于萼筒；唇瓣长约8mm，由下唇、中唇、上唇组成；下唇囊状，囊内两侧各具1枚梳状、带6枚齿且扁平的胼胝体；中唇收狭，长约1mm；上唇扩大，2裂，边缘具5枚不整齐的齿；蕊柱短，长约1mm。花期3~4月。

产于福州、永泰。生于溪边林下或林缘岩壁上，海拔100~500m。分布于广西、贵州、海南、台湾。缅甸、菲律宾、越南也有。

6.全唇兰属 *Myrmechis* Bl.

地生小草本。根状茎匍匐，具节，节上生根。茎直立，圆柱形，无毛，具数枚叶。叶小，互生，具短柄。花序顶生，具1~3朵花，花小，倒置，唇瓣位于下方；萼片离生，中萼片与花瓣靠合成兜状；侧萼片歪斜，基部凹陷，围绕唇瓣基部；花瓣较狭；唇瓣贴生于蕊柱基部，由下唇、中唇、上唇组成，下唇凹陷成囊状，囊内两侧各具1枚胼胝体，中唇收狭，上唇横向扩大；蕊柱很短，退化雄蕊位于其先端两侧；柱头2个；花药2室；蕊喙2裂；花粉团为小团块的粒粉质，2个，具深裂隙，着生于1个黏盘上。

本属约15种，分布于从印度东北部和喜马拉雅地区东部至日本南部、东南亚、新几内亚岛。中国有5种。福建有2种。

分种检索表

1. 上唇明显扩大，宽3~3.5mm ………………………… 1. 日本全唇兰 *M. japonica*
1. 上唇稍扩大，宽1~1.5mm ……………………………… 2.全唇兰 *M. chinensis*

1. 日本全唇兰

Myrmechis japonica (H.G.Rchb.) Rolfe, J. Linn. Soc., Bot. 36: 44. 1903.
— *Rhamphidia japonica* H. G. Rchb., Bot. Zeitung (Berlin) 36: 75. 1878.

植株高8~15cm。叶圆形或卵圆形，长5~8mm，宽5~7mm，先端钝或急尖。花序柄被疏长柔毛；花序长1.5~3cm，具1~3朵花；花白色，有粉红色晕，不甚张开；中萼片卵状披针形，凹陷呈舟状，长约6mm，宽约2.3mm，约2/3长度与花瓣靠合成兜状；侧萼片稍偏斜，与中萼片近等大，基部围抱唇瓣；花瓣卵状长圆形，长约6mm，宽约2.3mm；唇瓣呈T字形，长约7mm；下唇凹陷的囊内两侧各具1枚四方形胼胝体，中唇长圆形，上唇扩大，宽3~3.5mm，不裂。花期7~8月。

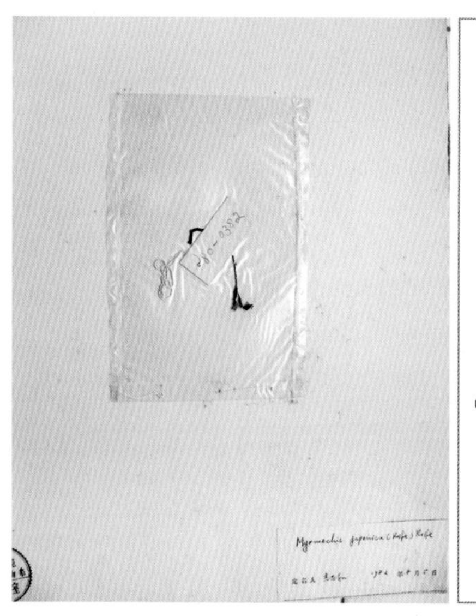

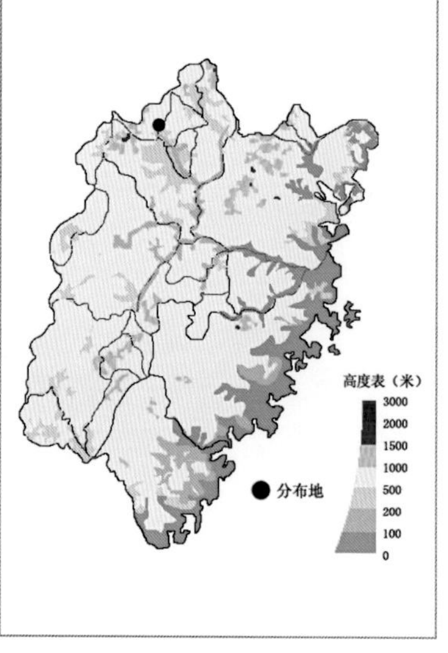

产于武夷山。生于林下阴湿处或岩石上苔藓丛中。分布于四川、西藏、云南。日本、朝鲜半岛也有。

2. 全唇兰

Myrmechis chinensis Rolfe, J. Linn. Soc. Bot. 36: 44. 1903.

植株高5~10cm。叶圆形或卵圆形，较疏生，长4~6mm，宽约4.5mm，先端钝或急尖。花序长2~3cm，具1~3朵花；花白色，不甚张开；中萼片卵状披针形，长5~6mm，凹陷呈舟状，宽2~2.2mm，约2/3长度与花瓣靠合成兜状；侧萼片稍偏斜，与中萼片近等长，宽2.3~2.5mm；花瓣卵形，与萼片近等长，宽2.5mm；唇瓣近卵状长圆形，长约5mm；下唇凹陷的囊内两侧各具1枚四方形胼胝体，中唇长圆形，具小乳突，上唇稍扩大，宽1~1.5mm，不裂。花期7月。

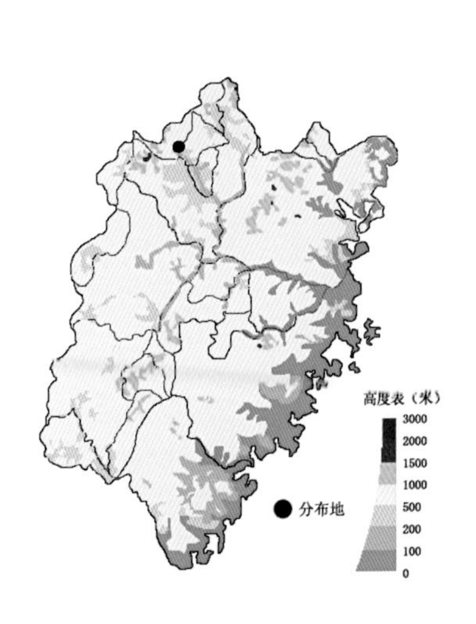

产于武夷山。生于沟谷林下阴湿处。分布于湖北、四川。

7.菱兰属 *Rhomboda* Lindl.

地生草本，稀附生。根状茎匍匐，具多节，节上生根。茎直立，无毛，具数枚叶。叶常集生在茎上端，上面绿红色，沿中脉常具1条白色的条纹，具柄，叶柄基部扩大成抱茎的鞘。总状花序顶生，具少数至多数花；花小，不甚张开，不倒置，唇瓣位于上方；萼片相似，与花瓣靠合成兜状；唇瓣2裂或3裂，可分为上下唇或有时也有短的中唇；下唇凹陷成囊状，内面基部具各种形状的胼胝体，上唇线形、方形或稍扩大；蕊柱短，前面两侧具翅状附属物；蕊喙叉状2裂；柱头2个，突出，位于蕊喙之基部两侧；花药2室；花粉团为具小团块的粒粉质，2个，附着于1个小黏盘上。

本属约25种，分布于我国南部，西至印度东北部与喜马拉雅地区，东至日本南部，南至东南亚和太平洋西南部岛屿。我国有4种。福建有1种。

小片菱兰

Rhomboda abbreviata (Lindl.) Ormerod, Orchadian 11:329. 1995.
—— *Hetaeria abbreviata* Lindl., Gen. Sp. Orchid. Pl. 481.1840.
—— *Anoectochilus abbreviatus* (Lindl.) Seidenf., Dansk Bot. Ark. 32(2): 41.1978.

植株高10~30cm。叶卵形或卵状披针形，长3~6.5cm，宽1.7~2.8cm。总状花序密生7~10余朵花；花小，白色或淡红色；中萼片卵形，凹陷呈舟状，长2.5~3mm，宽约1.5mm，与花瓣靠合成兜状；侧萼片呈偏斜的卵形，较中萼片稍长而宽；花瓣卵状长圆形，长约2.5mm，宽约1.3mm，先端骤狭成短的尖头；唇瓣近卵形，长约2.5mm；下唇扩大并凹陷成囊状，囊内中央具2枚隔膜状纵褶片，在其两侧近基部处各具1枚胼胝体；中唇短；上唇略扩大成四方形的小片；蕊柱短，长约2mm。花期9月。

产于永泰、厦门、南靖、华安、平和、上杭、龙岩。生于林下，海拔300~900m。分布于广东、广西、贵州、海南。印度、缅甸、尼泊尔、泰国也有。

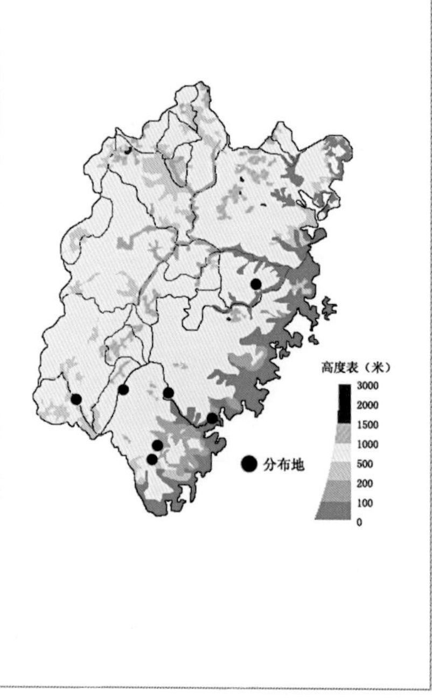

8.线柱兰属　*Zeuxine* Lindl.

地生草本。茎直立，基部具匍匐生根的根状茎。叶互生，上面绿色或沿中脉具1条白色条纹。总状花序顶生，疏生或密生多数花；花小，几不开放，倒置，唇瓣位于下方；萼片离生；中萼片凹陷，与花瓣靠合成兜状；侧萼片围着唇瓣基部；唇瓣通常可分为上、下唇或上、中、下唇；下唇基部凹陷成囊状，具2枚胼胝体，如有中唇则甚短，上唇扩大，多少2裂；蕊柱短；蕊喙直立，叉状2裂；柱头2个；花粉团为具小团块的粒粉质，2个，每个纵裂为2，通过小柄或直接附着于1个共同黏盘上。

本属约80种，分布于从非洲热带地区至亚洲热带和亚热带地区至新几内亚岛、澳大利亚东北部及太平洋西南部岛屿。我国有14种，产于长江流域及其以南各地，尤以台湾为多。福建有1种。

线柱兰

Zeuxine strateumatica (L.)Schltr., Bot. Jahrb. Syst. 45: 394. 1911.
—— *Orchis strateumatica* L., Sp. Pl. 2: 943. 1753.

植株高4~30cm。茎纤细，浅褐色或绿褐色，具数叶或多叶。叶线形至线状披针形，长1~5cm，宽2~5mm，常稍带褐色，先端渐尖，无柄。总状花序长3~7cm，具数花或密生多花；花苞片卵状披针形，长7~14mm，先端长渐尖，无毛；花小，白色至黄色；中萼片狭卵状长圆形，长3.5~5mm，宽约2mm，与花瓣靠合成兜状；侧萼片斜长圆形，长3.5~4mm，宽约1.5mm；花瓣斜卵形，与中萼片近等长，较狭；唇瓣舟状，长3~5mm，分上、中、下唇；下唇凹陷成囊状，具2枚胼胝体；中唇长约1mm；上唇稍扩大，为横长圆形；蕊柱短。花期3~4月。

产于闽清、闽侯、福州、长乐、泉州、厦门、云霄。生于沟边或河边的潮湿草地，海拔300m以下。分布于广东、广西、海南、湖北、四川、台湾、云南。广泛分布于亚洲热带至亚热带地区，西至阿富汗，东北至日本，南至斯里兰卡，东南至太平洋岛屿。

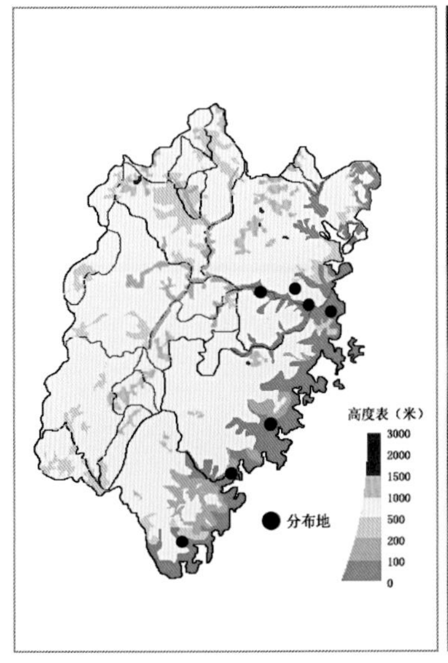

9.金线兰属 *Anoectochilus* Bl.

地生草本。茎近直立，基部具匍匐生根的根状茎。叶互生，常稍肉质，绿色至紫黑色，上面常具彩色网纹。总状花序顶生，具2~10朵花；花倒置或不倒置；萼片离生；中萼片凹陷，与花瓣靠合成兜状；侧萼片常较中萼片稍长；唇瓣显著分为上、中、下唇；下唇凹陷成圆球状的囊或延伸成圆锥状的距，囊或距内具1条隔膜，两侧各具1枚胼胝体；中唇收狭，两侧边缘常有篦状齿裂或流苏；上唇扩大，常2深裂；蕊柱短，两侧常具附属物；蕊喙常直立，叉状2裂；柱头2个；花粉团为具小团块的粒粉质，2个，每个多少纵裂为2，基部收狭为柄，附着于1个共同黏盘上。

本属约有30种，分布于喜马拉雅地区和我国南部，向南至东南亚和大洋洲。我国有11种，产于西南部至南部。福建有2种。

分种检索表

1. 唇瓣上唇裂片宽约1.5mm，中唇两侧各具5~6条长4~6mm的流苏状细条；胼胝体位于近距口处 ………… 1. 金线兰 *A. roxburghii*
1. 唇瓣上唇裂片宽约5mm，中唇两侧各具3~4枚长约3mm的小齿；距内的胼胝体位于距近中部 ………… 2. 浙江金线兰 *A. zhejiangensis*

1. 金线兰

Anoectochilus roxburghii (Wall.) Lindl., Ill. Bot, Himal. 368. 1839.
— *Chrysobaphus roxburghii* Wall., Tent. Fl. Napal: 37. 1826.

植株高8~18cm。叶2~4枚，卵圆形或卵形，长1.5~3.5cm，宽1~3cm，上面暗紫色，具金黄色网脉，背面淡紫红色；总状花序疏生2~6朵花；花序轴淡红色，被短柔毛；花不倒置，唇瓣位于上方，白色或淡红色；萼片被短柔毛；中萼片卵形，长约6mm，宽约2.5mm，凹陷呈舟状，与花瓣靠合成兜状；侧萼片近长圆形，稍长于中萼片；花瓣近镰刀形，与中萼片近等大；唇瓣长10~16mm，呈Y字形，有距；中唇长4~5mm，其两侧各具5~6条长4~6mm的流苏状细条；上唇2裂，裂片长圆形，长约6mm，宽1.5mm；距圆锥状，长约6mm，末端2浅裂，内侧在靠近距口处具2枚胼胝体。花期10~11月。

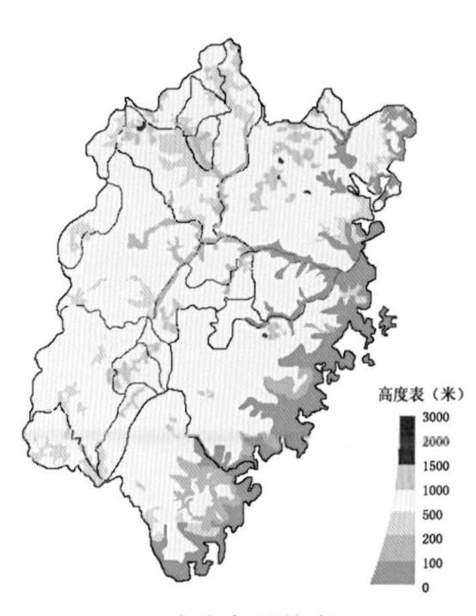

全省各地均产

全省各地均产。生于阴湿的常绿阔叶林下或竹林下，海拔300m以上。分布于广东、广西、海南、湖南、江西、四川、西藏、云南、浙江。孟加拉国、不丹、印度、日本、老挝、尼泊尔、泰国、越南也有。

2. 浙江金线兰

Anoectochilus zhejiangensis Z. Wei & Y. B. Chang, Bull. Bot. Res., Harbin. 9(2): 39. 1989.

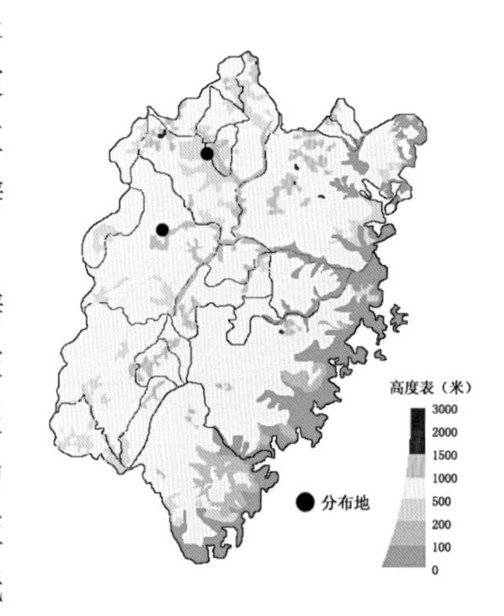

植株高8~16cm。叶2~6枚，宽卵形至卵圆形，长0.7~2.6cm，宽0.6~2.1cm，先端急尖，基部圆形，边缘微波状，上面呈鹅绒状绿紫色，具金黄色网脉，背面略带淡紫红色。总状花序具1~3朵花，花序轴被柔毛；花不倒置，唇瓣位于上方；萼片粉红色，近等大，长约5mm，宽3~3.5mm，背面被柔毛；中萼片卵形，凹陷呈舟状，先端急尖，与花瓣靠合成兜状；侧萼片长圆形，稍偏斜；花瓣倒披针形至倒披针形，白色，长约6mm，宽2mm；唇瓣白色，长约1cm，呈Y字形，有距；中唇长约3mm，其两侧各具3~4枚长约3mm的小齿；上唇2深裂，裂片斜倒三角形，长约6mm，宽5mm；距圆锥状，长约5mm，末端2浅裂，距内近中部具2枚瘤状胼胝体。花期8月。

产于建阳、将乐。生于竹林下或沟谷旁林下阴湿处，海拔约1200m。分布于广西、浙江。

10.齿唇兰属　*Odontochilus* Bl.

地生草本，自养或稀无绿叶的菌根营养植物。根状茎匍匐，圆柱形，具节。茎直立或上举，基部具筒状鞘，具数枚叶或无叶。叶绿色或紫色，有时具1~3条白色脉纹；总状花序顶生，具数花或多花，无毛或被短柔毛；花倒置或不倒置；萼片离生，相似，无毛或被短柔毛；中萼片舟状，与花瓣靠合成兜状；侧萼片展开；花瓣膜质，舌状线形或卵形；唇瓣可分为上、中、下唇，无距；下唇囊状，近球形，或有时中央具1枚隔膜状纵褶片而分割成2个囊，内含1对肉质的胼胝体；中唇通常伸长，管状，其两侧具流苏状细裂条或具锯齿而少为全缘；上唇扩大，常2深裂；蕊柱短，前面两侧具翅；蕊喙通常直立，叉状2裂；柱头2个，离生，凸出，位于蕊喙前面之下的正中央；花药直立，卵形，2裂；花粉团为具可分小团块的粒粉质，2个，棒状，通常收狭为柄，附着于1个小黏盘上。

本属约40种，分布于印度北部和喜马拉雅地区，至我国南部和东南亚，向北可至日本，东至太平洋西南诸岛。我国有11种。福建有2种。

分种检索表

1. 无叶草本；花不倒置，唇瓣位于上方；唇瓣囊内无隔膜；中唇两侧具凸出、有缺刻状圆齿的边 ………………………………………… 1. 齿爪齿唇兰 *O. poilanei*
1. 有绿叶草本；花倒置，唇瓣位于下方；唇瓣囊内面中央具1枚隔膜状纵的褶片；中唇两侧各具1条流苏 ………………………………………… 2. 齿唇兰 *O. elwesii*

1. 齿爪齿唇兰

Odontochilus poilanei (Gagnep.) Ormerod, Lindleyana 17: 225. 2002.
—— *Evrardia poilanei* Gagnep., Bull. Mus. Natl. Hist. Nat., sér. 2, 4: 596. 1932.
—— *Chamaegastrodia poilanei* (Gagnep.) Seidenf. & A. N. Rao., Nordic J. Bot. 14: 297. 1994.

全菌根营养草本，高12~18cm，无绿叶。茎具密集的带紫红色的被毛鞘状鳞片。总状花序长3~7cm，具数朵至10余朵花；花序轴被短柔毛；花不倒置，唇瓣位于上方，较大，芳香，萼片和花瓣带紫红色；萼片卵形，背面被短柔毛；中萼片凹陷成舟状，长7mm，宽4mm，与花瓣靠合成兜状；侧萼片偏斜，较中萼片稍狭；花瓣斜线状披针形，镰状，与中萼片近等长，宽约1.5mm；唇瓣深黄色，T形，长约1.6cm；下唇稍扩大并凹陷的囊内无隔膜，两侧近基部处各具1枚胼胝体；中唇长6–8mm, 两侧具凸出、有缺刻状圆齿的边；上唇扩大，宽达1.2cm，顶端具2个角状叉开的裂片；蕊柱短，其前面在柱头下方具2枚近方形的片状附属物。花期8月。

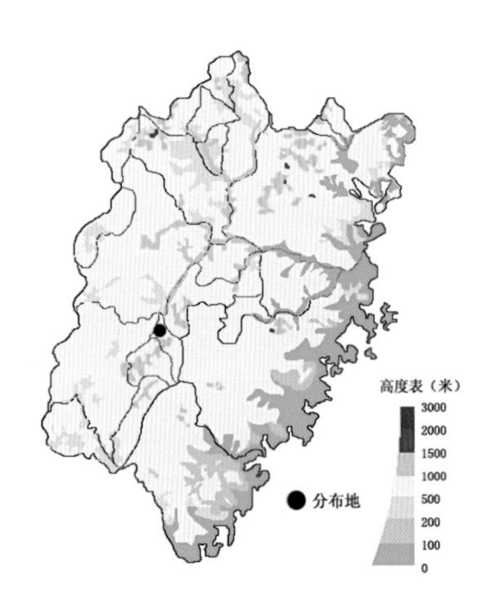

产于永安。生于常绿阔叶林下阴湿处，海拔760m。分布于西藏、云南。日本、缅甸、泰国、越南也有。

2. 西南齿唇兰

Odontochilus elwesii C. B. Clarke ex Hook. f., Fl. Brit. India 6: 100. 1890. —— *Anoectochilus elwesii* (C. B. Clarke ex Hook. f.) King & Pantl., Ann. Roy. Bot. Gard. (Calcutta) 8: 297. 1898.

绿色、地生草本，高15~25cm。茎直立，具数枚叶。叶卵形或卵状披针形，长1.5~8cm，宽1~3.5cm，上面暗紫色或深绿色，背面淡红色或淡绿色。总状花序具少数至10余朵花，花序轴被短柔毛；花倒置，唇瓣位于下方；萼片背面被短柔毛；中萼片卵形，长约8mm，宽约4mm，与花瓣靠合成兜状；侧萼片稍斜卵形，较中萼片略大；花瓣白色，斜半卵形，与萼片近等长，稍向内弯；唇瓣白色，Y形，长约1.5cm；下唇稍扩大并凹陷为球形囊，内面中央具1枚隔膜状纵的褶片，在褶片两侧各具1枚胼胝体；中唇暗紫色，长5~7mm，两侧各具1条流苏，由4~5条丝状物组成；上唇扩大，宽达1.4cm，2深裂，裂片近圆形，长6mm，宽4mm，先端外侧边缘具歧状齿。花期6月。

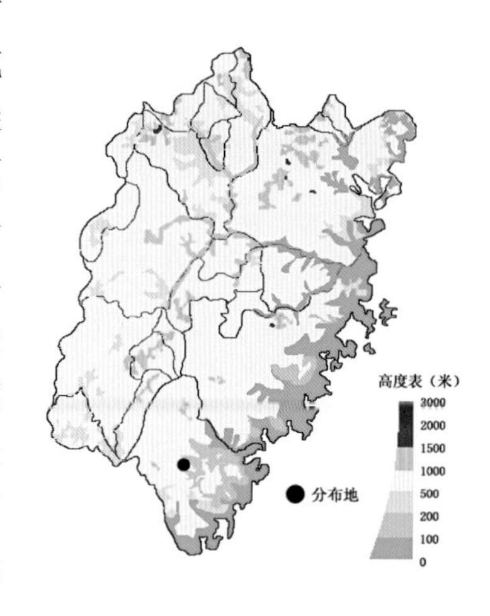

产于南靖。生于常绿阔叶林下阴湿处，海拔约800m。分布于广西、贵州、四川、台湾、云南。不丹、缅甸、泰国、印度、越南也有分布。

11.绶草属 *Spiranthes* Rich.

地生草本。根肉质，簇生于茎基部。叶基生，成簇，线形、椭圆形或宽卵形，罕为半圆柱形。总状花序顶生，似穗状，常螺旋状扭转；萼片离生，近相似；中萼片直立，常与花瓣靠合成兜状；侧萼片基部常下延而胀大，有时呈囊状；唇瓣基部凹陷，常有2枚胼胝体，不裂或3裂，边缘常具皱波状齿；蕊柱棒状，腹面常被毛；花药位于蕊柱后方，直立，2室；蕊喙直立，2裂；花粉团粒粉质，2个，具短的花粉团柄，附着于1个狭窄的黏盘上。

本属约50种，主要分布北美洲，少数种类见于南美洲、欧洲、亚洲、非洲和澳大利亚。我国产3种。福建有2种。

分种检索表

1.花苞片、子房、萼片无毛 ………………………………………… 1.绶草 *S. sinensis*

1.花苞片、子房、萼片被腺毛 ……………………………2.香港绶草 *S. hongkongensis*

1. 绶草

Spiranthes sinensis (Pers.) Ames, Orchidaceae. 2: 53. 1908.
—— *Neottia sinensis* Pers., Syn. Pl. 2: 511. 1807

植株高15~30cm。叶2~5枚，近基生，宽线形或宽线状披针形，长3~15cm，宽0.5~1.2cm。总状花序顶生，螺旋状扭转，通常具多数密生的花；花小，紫红色或粉红色，直径4~5mm；花苞片无毛；中萼片狭长圆形，长3~4mm，宽1~2mm，与花瓣靠合成兜状；侧萼片披针形，长4~5mm，宽1~2mm；花瓣与中萼片近等长，宽约1mm；唇瓣倒卵状长圆形，长3.5~5mm，宽约2.5mm，前半部边缘具强烈皱波状齿，上面具毛，基部凹陷成浅囊状，囊内具2枚胼胝体；蕊柱短。花期4~6月。

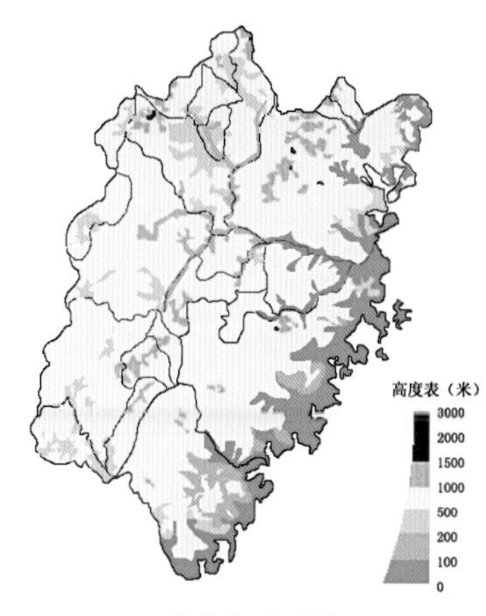

全省各地习见

全省各地习见。生于林下、草丛、灌木丛或草地湿处，海拔1600m以下。分布于全国各地。阿富汗、不丹、印度、日本、克什米尔地区、朝鲜半岛、马来西亚、蒙古、缅甸、尼泊尔、菲律宾、俄罗斯、泰国、越南、澳大利亚也有。

2. 香港绶草

Spiranthes hongkongensis S. Y. Hu & Barretto, Chung Chi J. 13(2): 2. 1976.

植株高11~44cm。叶3~7枚，斜立，长椭圆形至倒披针形，长2~6.5cm，宽0.5~1.2cm，先端急尖，基部收狭具柄状抱茎的鞘。总状花序顶生，呈螺旋状扭转，具多数密生的花，上部具密集腺毛；花白色；花苞片披针形，具稀疏腺毛，先端锐尖；子房绿色，连花梗长5mm，被腺毛；中萼片椭圆形，长约4.5mm，宽约1mm，背面被腺毛，先端钝，与花瓣靠合成兜状；侧萼片狭长椭圆形，偏斜，长约4.2mm，宽约1mm，背面被腺毛，先端钝；花瓣与中萼片近等长，先端钝；唇瓣阔椭圆形，长4~5mm，宽约2.5mm，基部有2枚明显胼胝体，前部边缘具浅啮蚀状锯齿；蕊柱直立，长约1.5mm。花期7月。

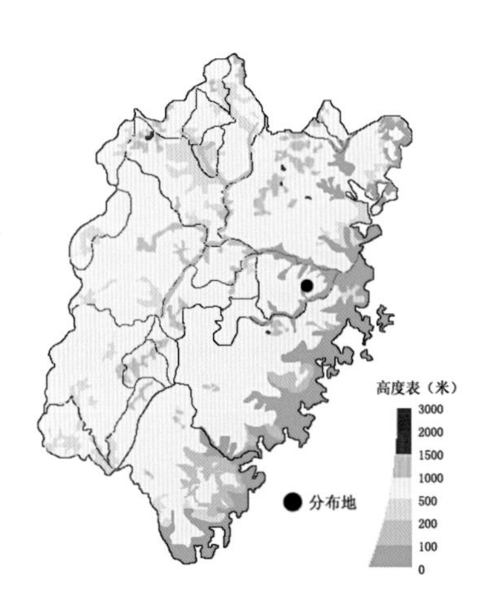

产于永泰县。生于溪边湿润岩石上，海拔350m。分布于香港。

香港绶草

12.指柱兰属 *Stigmatodactylus* Maxim. ex Makino

地生小草本，地下具1个小块茎，其上有肉质的、根状茎状的茎。地上茎纤细，具纵棱，无毛，中部具1枚叶。花序顶生，具1～3朵花；花近直立；花苞片叶状，较叶小；萼片和花瓣线形；唇瓣宽阔，基部具有1个2深裂的肉质附属物；蕊柱直立，无蕊柱足；柱头凹陷，下方有指状附属物；花粉团粒粉质，4个，成2对，无附属物。

本属约10种，分布于印度尼西亚、巴布亚新几内亚和所罗门群岛，少数种类延伸至中国、喜马拉雅地区、印度北部、日本。我国有1种，也产福建。

指柱兰

Stigmatodactylus sikokianus Maxim. ex Makino, Ill. Fl. Japan. 1(7): 70, t. 43. 1891.

植株高4~10cm。茎纤细，中部具1枚叶，基部有1枚小鳞片状鞘。叶三角状卵形，长约4mm，宽约3mm，先端渐尖，具3脉。总状花序具2~3朵花；花苞片绿色，略小于叶；花淡绿色，仅唇瓣淡红紫色；中萼片线形，长约4mm，宽约0.5mm，基部边缘具长缘毛；侧萼片狭线形，长约2.5mm；花瓣长约3.5mm，较中萼片狭；唇瓣宽卵状圆形，长约3.5mm，边缘具细齿，基部有附属物；附属物肉质，长约1.5mm，在中部分裂为顶裂片与基裂片，两者先端均为2浅裂；蕊柱长约3.5mm，柱头下方有指状附属物。花期8~9月。

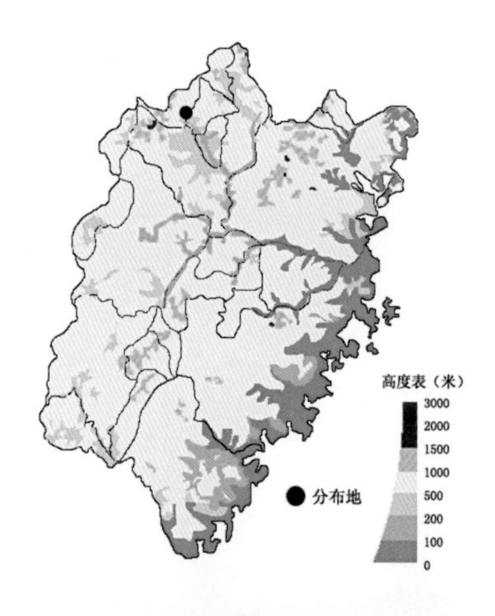

产于武夷山。生于密林下水沟边的阴湿处。分布于湖南、台湾。日本也有。

13.葱叶兰属 *Microtis* R. Br.

地生草本，地下具小块茎。茎纤细，直立。叶基生，1枚，圆柱形，中空，近轴面具纵槽。总状花序顶生，具数花至多花；花小；萼片与花瓣离生；中萼片与侧萼片相似或较大；花瓣通常小于萼片；唇瓣不裂或较少分裂，基部常有胼胝体，无距；蕊柱短，先端常具2个翅或耳；柱头1个；花粉团粒粉质，4个，成2对，具短的花粉团柄和黏盘。

本属约14种，主要分布于澳大利亚和新西兰，仅1种见于亚洲热带地区和太平洋岛屿，向北可达中国长江流域。我国有1种，也产福建。

葱叶兰 *Microtis unifolia* (G. Forst.) Rchb. f., Beitr. Syst. Pflanzenk. 62. 1871.

植株高15~40cm。块茎小，近椭圆形，长4~7mm。叶1枚，长10~37cm，粗约3mm。总状花序密生10余朵花；花淡绿色，直径约2.5mm；中萼片阔卵形，舟状，长约2mm，宽约1.5mm；侧萼片卵形或椭圆形，长约1.5mm，宽约1mm，多少反卷；花瓣较萼片稍短而窄；唇瓣舌状或长椭圆形，基部具2枚胼胝体；蕊柱极短。花期4~5月。

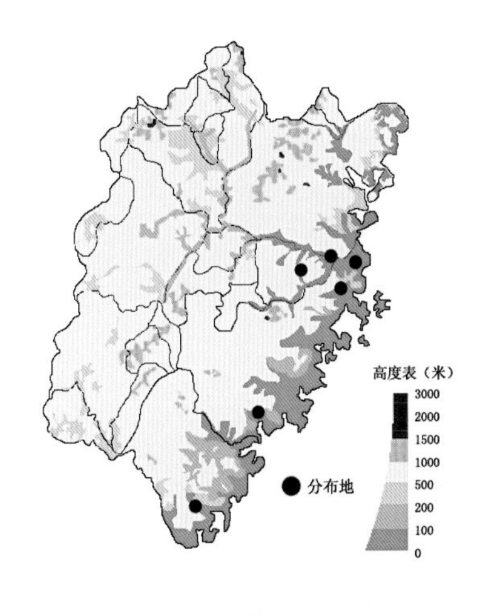

产于福州、长乐、永泰、福清、厦门、云霄。生于草坡或草地上，海拔400m以下。分布于安徽、广东、广西、湖南、江西、四川、台湾、浙江。印度尼西亚、日本、菲律宾、澳大利亚和太平洋岛屿也有。

14.舌唇兰属 *Platanthera* Rich.

地生草本，具根状茎或块茎。茎直立，具1至数枚叶。叶基生或茎生，互生或稀近对生。总状花序顶生，具少数至多数花；花大小不一，常有香气，白色、黄绿色或较少为粉红色或橘黄色；中萼片凹陷，常与花瓣靠合成兜状；侧萼片伸展或反折；花瓣常较萼片狭；唇瓣舌状，不裂，有时基部具小侧裂片，基部具距；蕊柱短；退化雄蕊2个，位于花药基部两侧；柱头凹陷，位于蕊喙下方；花粉团为具小团块的粒粉质，2个，各具明显的花粉团柄和黏盘。

本属约200种，广布于北温带，向南可达中美洲、东南亚至新几内亚岛以及非洲北部。我国有42种。福建有6种。

分种检索表

1. 唇瓣3裂；距长约7mm……………………………… 5. 东亚舌唇兰 *P. ussuriensis*
1. 唇瓣不裂；距长1~3cm。
  2. 植株具4~6枚大叶……………………………… 6. 密花舌唇兰 *P. hologlottis*
  2. 植株具1~3枚大叶。
    3. 中萼片不与花瓣靠合成兜状 …………… 3. 尾瓣舌唇兰 *P. mandarinorum*
    3. 中萼片与花瓣靠合成兜状。
      4. 花稍小，中萼片长2.5~3mm ……………… 2. 筒距舌唇兰 *P. tipuloides*
      4. 花较大，中萼片长4~6mm。
        5. 地下具指状块茎；叶片长而狭，长为宽的5倍以上……………………
        ……………………………………… 1.大明山舌唇兰 *P. damingshanica*
        5. 地下具纺锤形块茎；叶短而宽，长不及宽的5倍……………………
        ………………………………………………… 4.小舌唇兰 *P. minor*

1. 大明山舌唇兰

Platanthera damingshanica K. Y. Lang & H. S. Guo, Fl. Zhejiang. 7: 552. 1993.

植株高32~47cm，地下具指状块茎。茎较纤细，中部以下具大叶1枚，中上部具1~3枚向上逐渐变小的苞片状小叶。叶狭长倒披形或线状长圆形，长7~15cm，宽1~2.2cm，基部收狭成抱茎的鞘。总状花序疏生3~8朵花；花黄绿色；中萼片宽卵形，长4.5~6mm，宽3~4.5m，与花瓣靠合成兜状；侧萼片狭长圆形或宽线形，反折，偏斜，长约7mm，宽约2mm；花瓣斜卵形，长4 ~ 5.5mm，宽2~3.5mm；唇瓣向前伸，肉质，舌状线形，长约7mm；距细圆筒状，长1.2~1.4cm，下垂，略向前弯；蕊柱长约4mm。花期5月。

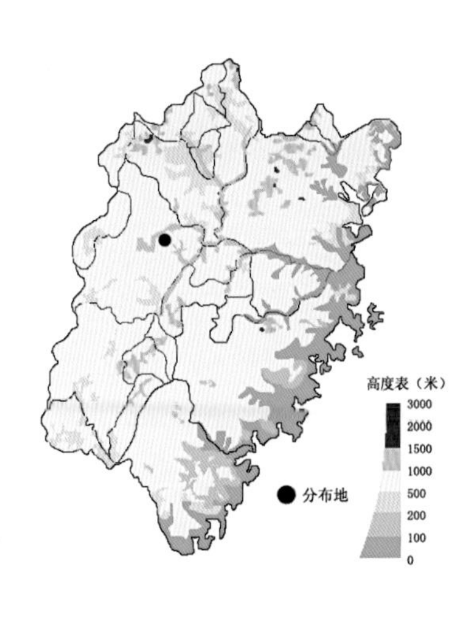

产于将乐。生于山坡密林下或沟谷阴湿处，海拔750~1200m。分布于广东、广西、湖南、浙江。

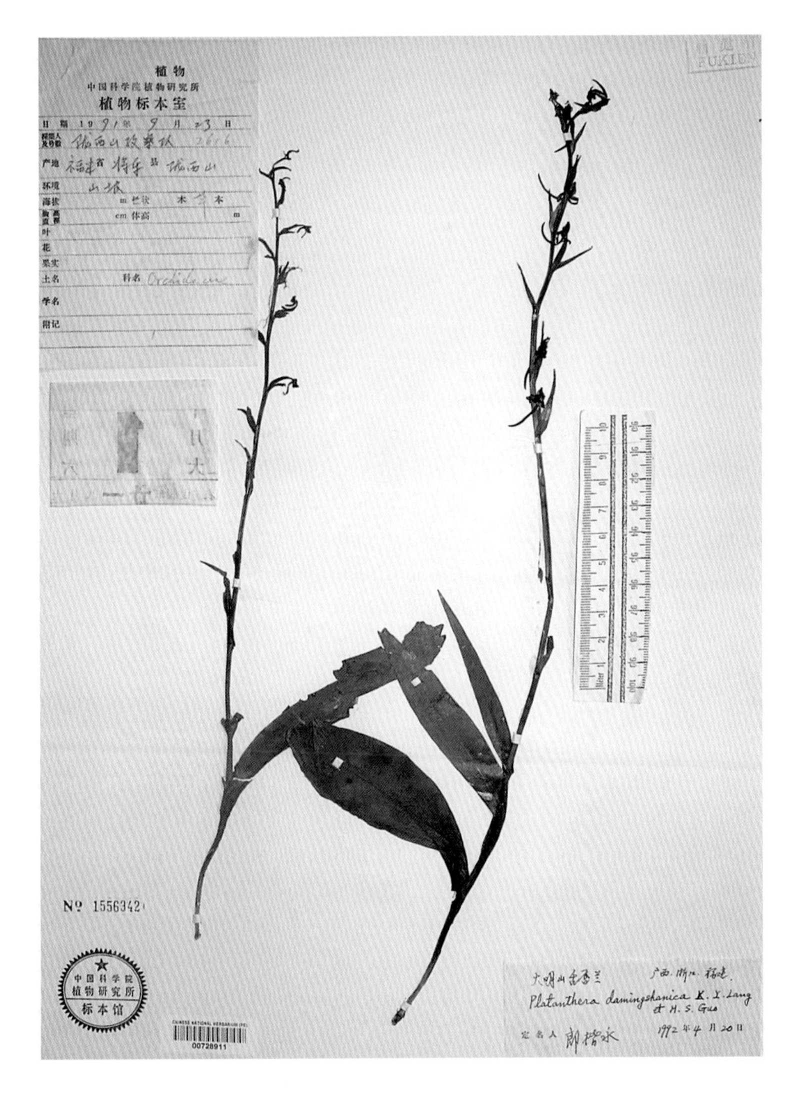

2. 筒距舌唇兰

Platanthera tipuloides (L. f.) Lindl., Gen. Sp. Orchid. Pl. 285. 1835.
— *Orchis tipuloides* L. f., Suppl. Pl. 401. 1782.

植株高20~40cm，地下具指状根状茎。茎细长，中部以下具大叶1枚，其上有2~3枚小叶，向上叶渐小成苞片状。叶线状长圆形，长5~11cm，宽0.8~2cm，基部收狭成抱茎的鞘。总状花序疏生多数花；花黄绿色，细小；中萼片宽卵形，长2.5~3mm，宽2~2.5mm，与花瓣靠合成兜状；侧萼片狭椭圆形，反折，长3~3.5mm，宽1.2~1.3mm；花瓣斜卵形至狭卵形，长2.5~3mm，宽1~1.5mm；唇瓣宽线形，长5~6mm；距细圆筒状，长1.2~1.7cm，常向后斜伸且中部以下向上举；蕊柱短，长约1.5mm。花期5~7月。

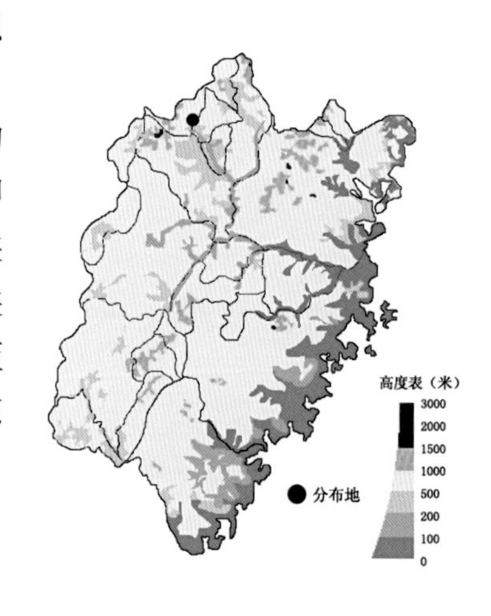

产于武夷山。生于林下或林缘沟谷中，海拔约1500m。分布于安徽、香港、湖南、江西、浙江。日本、朝鲜半岛、俄罗斯也有。

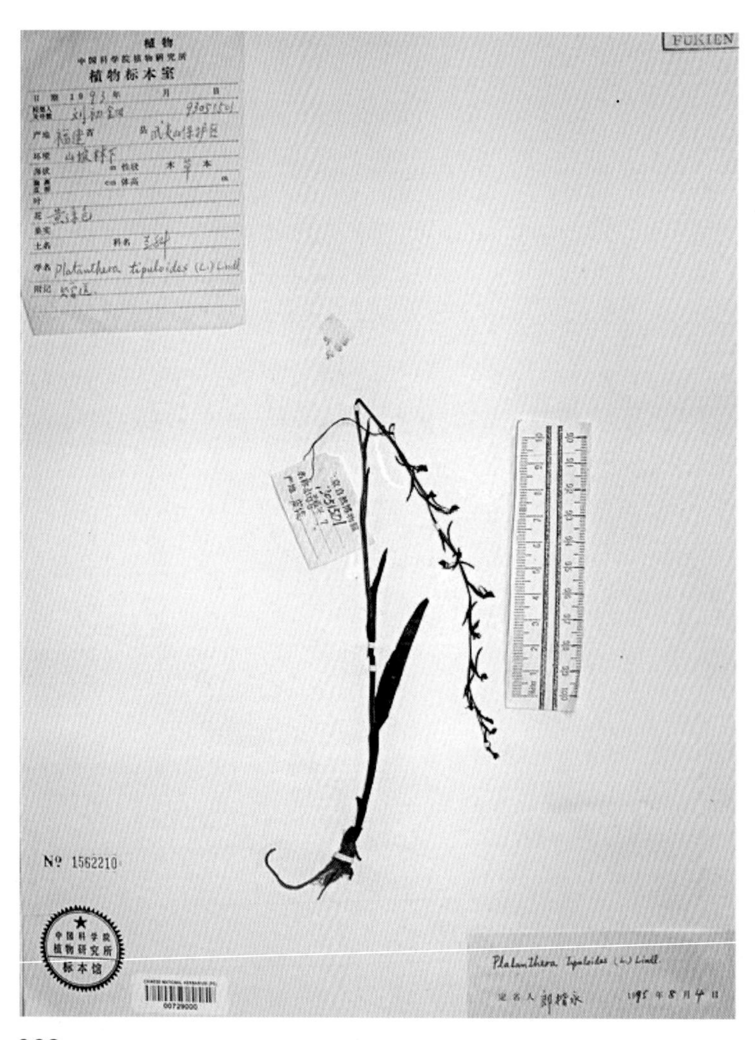

3. 尾瓣舌唇兰

Platanthera mandarinorum Rchb. f., Linnaea. 25: 226. 1852.

植株高10~45cm，地下具卵形至纺锤形块茎。茎直立，下部具1~3枚叶，中部至上部着生苞片状小叶。叶长圆形或线状披针形，长5~12cm，宽0.7~3.5cm，基部鞘状抱茎。总状花序疏生数朵至20余朵花；花黄绿色；中萼片宽卵形，长约4.5mm，宽约4mm，不与花瓣靠合成兜状；侧萼片斜长圆状披针形，长约7mm，宽约2mm；花瓣镰形，与中萼片近等长，宽约2mm；唇瓣舌状披针形，长7~10mm，宽1~2.5mm，先端钝；距细圆筒状，向后斜伸且有时多少向上举，长2~3cm。花期4~6月。

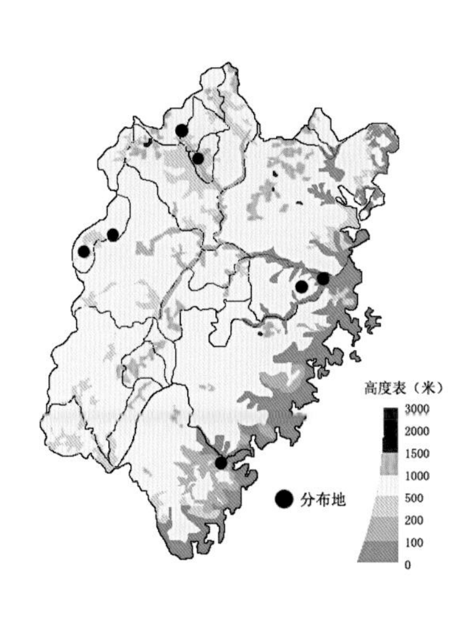

产于福州、永泰、龙海、泰宁、建宁、建阳、武夷山。生于山坡林下或草地，海拔200~800m。分布于安徽、广东、广西、贵州、河南、湖北、湖南、江苏、江西、山东、四川、云南。日本、朝鲜半岛也有。

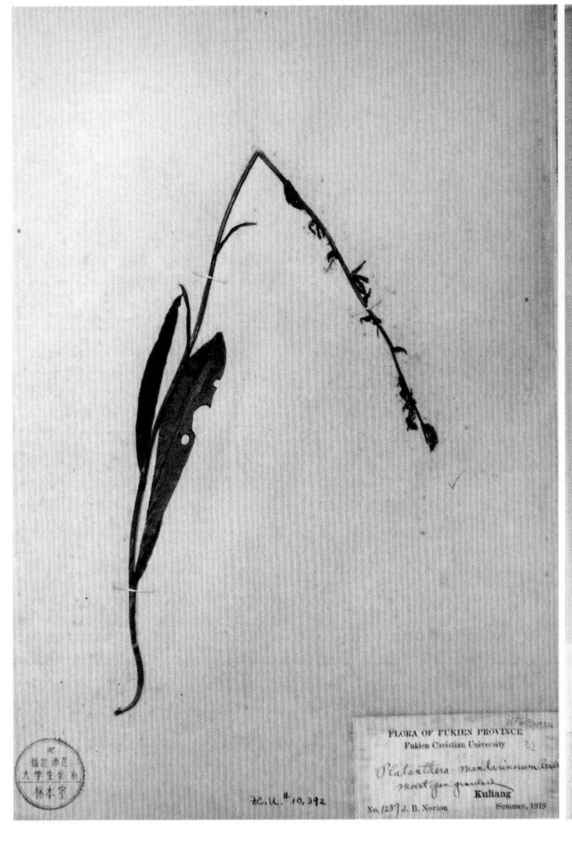

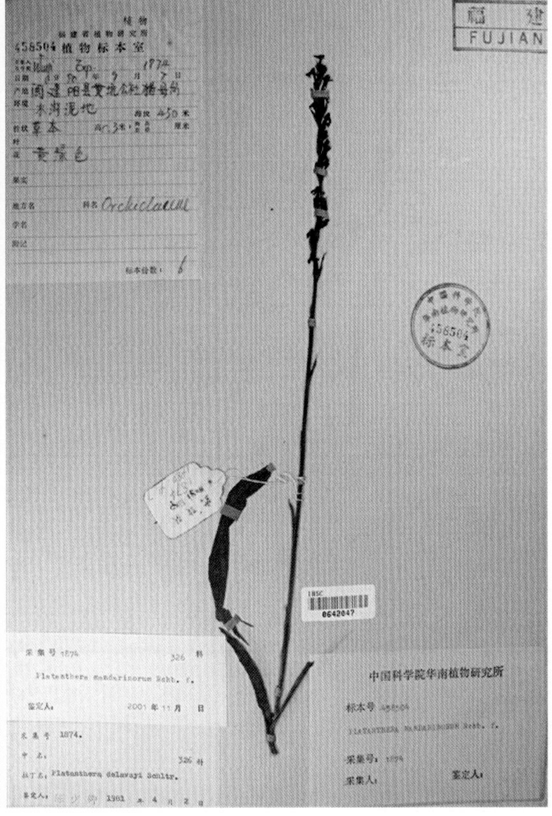

4. 小舌唇兰

Platanthera minor (Miq.) Rchb. f., Bot. Zeitung (Berlin). 36: 75. 1878. —— *Habenaria japonica* (Thunb.) A. Gray var. *minor* Miquel, Ann. Mus. Bot. Lugduno-Batavi 2: 207. 1865

植株高20~60cm，地下具纺锤形块茎。茎直立，下部具2~3枚叶，中部至上部着生苞片状小叶。叶椭圆形、长圆状披针形或卵状椭圆形，长6~20cm，宽1.5~5cm，基部鞘状抱茎。总状花序疏生多数花；花黄绿色；中萼片宽卵形，凹陷呈舟状，长4~6mm，宽4.5~5mm，与花瓣靠合成兜状；侧萼片斜椭圆形，长5~8mm，宽约3mm；花瓣斜卵形，与中萼片近等长，较狭；唇瓣舌状，下垂，长5~7mm，先端钝；距细圆筒状，下垂，弯曲，长约1.5cm。花期4~6月。

全省各地常见。生于路边坡地或毛竹林下，海拔400m以上。分布于安徽、广东、广西、贵州、海南、河南、湖北、湖南、江苏、江西、四川、台湾、云南、浙江。日本、朝鲜半岛也有。

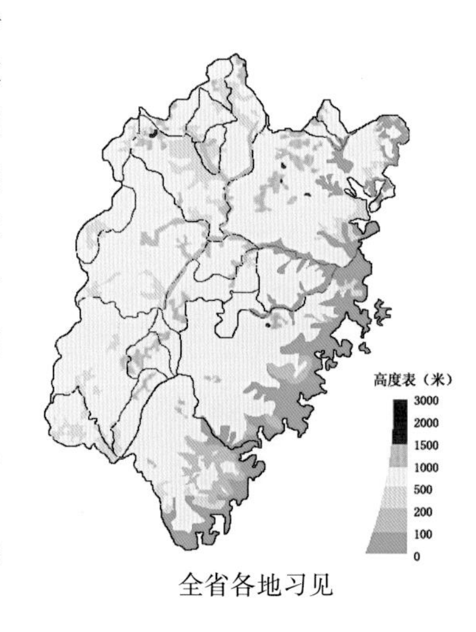

全省各地习见

小舌唇兰

5. 东亚舌唇兰

Platanthera ussuriensis (Regel) Maxim., Bull. Acad. Imp. Sci. Saint-Pétersbourg. 31: 107. 1887.
— *P. tipuloides* Lindl. var. *ussuriensis* Regel, Tent. Fl. Ussur. 157. 1861.
— *Tulotis ussuriensis* (Regel) H. Hara., J. Jap. Bot. 30: 72. 1955.

植株高20~55cm，地下具指状块茎。茎直立，纤细，下部具2~3枚叶，中部至上部着生苞片状小叶。叶狭长圆形或匙形，长6~20cm，宽1.5~3cm，基部收狭成抱茎的鞘。总状花序疏生多数花；花小，淡黄绿色；中萼片宽卵形，长约3mm，宽约2mm，与花瓣靠合成兜状；侧萼片斜椭圆形，较中萼片略长稍狭；花瓣狭长圆状披针形，与中萼片近等长，宽约1mm；唇瓣3裂；中裂片舌状；侧裂片半圆形；距细圆筒状，长约7mm。花期8月。

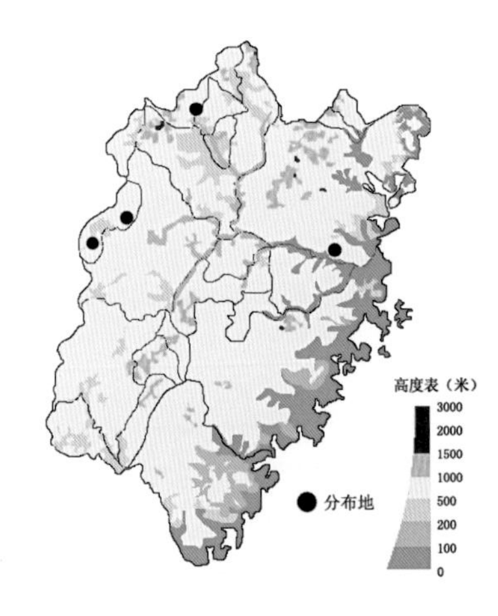

产于闽侯、泰宁、建宁、武夷山。生于山坡林下、林缘或沟边，海拔600m以上。分布于安徽、广西、河北、河南、湖北、湖南、江苏、江西、吉林、陕西、四川、浙江。日本、朝鲜半岛、俄罗斯（远东地区）也有。

6. 密花舌唇兰

Platanthera hologlottis Maxim., Prim. Fl. Amur. 268.1859.

植株高35~85cm，地下具指状块茎。茎细长，下部具4~6枚大叶，向上叶渐小成苞片状。叶线状披针形或宽线形，下部叶长7~20cm，宽0.8~2cm，上部叶长1.5~3cm，宽2~3mm，基部成短鞘抱茎。总状花序密生多数花；花白色，芳香；中萼片卵形或椭圆形，长4~5mm，宽3~3.5mm，与花瓣靠合成兜状；侧萼片椭圆状卵形，反折，偏斜，长5~6mm，宽1.5~2.5mm；花瓣斜卵形，长4~5mm，宽1.5~2mm，与中萼片靠合成兜状；唇瓣舌形或舌状披针形，长6~7mm，宽2.5~3mm；距圆筒状，下垂，纤细，长1~2cm，距口具明显的凸起物。花期6~7月。

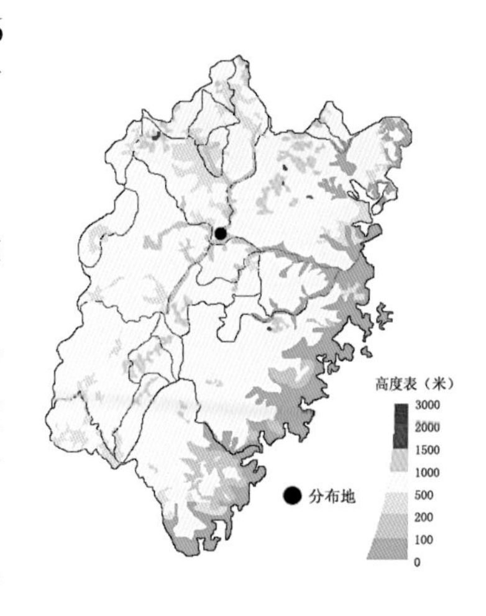

产于南平。生于林下或山沟潮湿地，海拔约1000m。分布于安徽、广东、河北、黑龙江、河南、江苏、江西、辽宁、内蒙古、山东、四川、云南、浙江。日本、朝鲜半岛、俄罗斯（远东地区）也有。

15.角盘兰属 *Herminium* L.

地生草本，地下具肉质块茎。茎直立，具1至数枚叶。叶基生，基部收狭为抱茎的鞘。总状花序顶生，具多数花；花小，常为黄绿色；萼片离生，近等长；花瓣常较萼片狭小；唇瓣3裂或不裂，基部稍凹陷，常无距；蕊柱极短；蕊喙较小；柱头2个，近棍棒状；退化雄蕊2个，较大，位于花药基部两侧；花粉团为具小团块的粒粉质，2个，各具短的花粉团柄和通常卷成角状的裸露黏盘。

本属约25种，分布于欧亚温带和亚热带，至喜马拉雅地区。我国有18种，主要分布于云南、四川和西藏等地。福建有1种。

叉唇角盘兰

Herminium lanceum (Thunb. ex Sw.) Vuijk, Blumea 11: 228. 1961. —— *Ophrys lancea* Thunb. ex Sw. Kongl. Vetensk. Acad. Nya Handl. 21: 223. 1800.

植株高10~80cm。块茎圆球形或椭圆形，长1~1.5cm。茎直立，中部具3~4枚叶。叶线状披针形或线形，长6~12cm，宽0.5~1.2cm。总状花序密生多数花；花小，黄绿色或绿色；中萼片卵状长圆形，长2.5~4mm，宽约1.5mm；侧萼片与中萼片近等长；花瓣线形，较萼片稍短而狭；唇瓣长圆形，常下垂，长4~10mm，宽1~2mm，基部上面具乳突，中部稍缢缩，先端叉状3裂；中裂片齿状三角形或披针形，长约1mm，侧裂片较中裂片长。花期6~8月。

产于屏南、连江、福州、仙游、尤溪、泰宁、顺昌、武夷山。生于山坡阔叶林下、针叶林下、竹林下、灌丛下或草地中，海拔2100m以下。分布于安徽、甘肃、广东、广西、贵州、河南、湖北、湖南、江西、陕西、四川、台湾、云南、浙江。印度、印度尼西亚、日本、克什米尔地区、朝鲜半岛、马来西亚、缅甸、尼泊尔、菲律宾、泰国、越南也有。

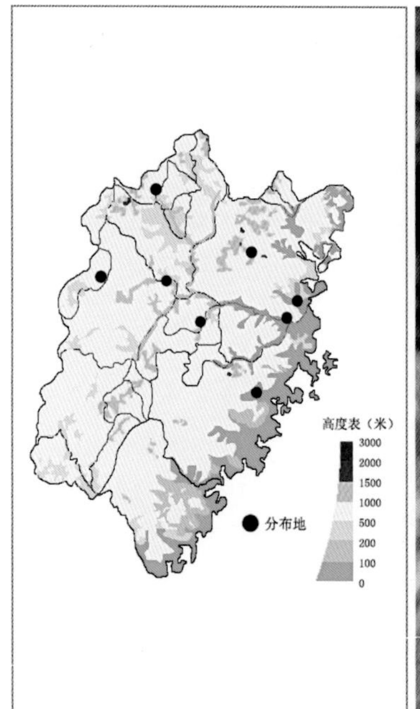

16.无柱兰属　*Amitostigma* Schltr.

地生草本，地下具圆球形或卵圆形、肉质块茎。茎纤细，具1枚或偶见2~3枚叶。叶基生或茎生，基部下延为抱茎的鞘。总状花序顶生，常具1至数朵花，花多偏向一侧；花小至中等大；萼片离生；花瓣与萼片近相似，常与中萼片靠合成盔状；唇瓣3裂，基部具距；蕊柱极短；柱头1个，2叉，多少隆起；退化雄蕊2个，生于花药的基部两侧；花粉团为具小团块的粒粉质，2个，各具花粉团柄和裸露的黏盘。

本属约30种，主要分布于东亚及其周围地区。我国有22种，尤以西南山区为多。福建有1种。

无柱兰

Amitostigma gracile (Bl.) Schltr., Repert. Spec. Nov. Regni Veg. Beih. 4: 93. 1919. —— *Mitostigma gracile* Bl., Mus. Bot. 2: 190. 1856.

植株高7~26cm。块茎卵形或长圆状椭圆形，长1~2.5cm，粗达1cm。茎纤细，基部具1~2枚筒状鞘，其上具1枚大叶。叶长圆形或椭圆状长圆形，长5~12cm，宽1.5~3.5cm。总状花序具5~20余朵偏向一侧的花；花小，粉红色或紫红色；中萼片卵形，长约3mm，宽约2mm；侧萼片与中萼片近相似，稍歪斜；花瓣与萼片近相似，与中萼片靠合成盔状；唇瓣长5~7mm，倒卵形，3裂，基部楔形，具短距；中裂片倒卵状楔形，先端截形具短小凹缺；侧裂片长圆形，先端钝或截形；距纤细，圆筒状，长约3mm，末端钝。花期5~7月。

产于屏南、上杭、建宁、南平、武夷山。生于山坡沟谷边或林下阴湿覆土的岩石上，海拔600~1400m。分布于辽宁、河北、陕西、山东、江苏、安徽、浙江、台湾、河南、湖北、湖南、广西、四川、贵州。朝鲜半岛和日本也有。

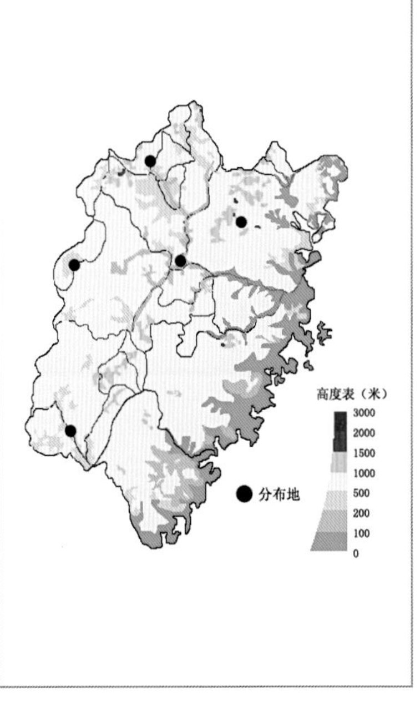

17.兜被兰属 *Neottianthe* (Rchb. f.) Schltr.

地生草本，地下具肉质块茎。块茎圆球形或椭圆形，颈部生出多数须根。叶1~2枚，基生或茎生，基部下延为抱茎的鞘。总状花序顶生，常具多数偏向一侧的小花；萼片近等大，下半部靠合成兜；花瓣线形，常较萼片稍短而狭，贴生于中萼片；唇瓣3裂，上面具极密的细乳突，基部具距；蕊柱短，直立；花粉团为具小团块的粒粉质，2个，各具短的花粉团柄和小黏盘；蕊喙小；柱头位于蕊喙下方；退化雄蕊2个，位于花药基部两侧。

本属约7种，主要分布于中国亚热带地区，北至俄罗斯和东欧，东至日本也有。我国均产。福建有1种。

二叶兜被兰

Neottianthe cucullata (L.) Schltr., Repert. Spec. Nov. Regni Veg. 16: 292. 1919.
—— *Orchis cucullata* L. Sp. Pl. 939. 1753.

植株高7~24cm。块茎圆球形或卵形，长8~15mm。叶通常2枚，基生，卵形、卵状披针形或椭圆形，上面有时具紫红色斑点，长3~7cm，宽0.5~2.5cm，基部骤狭成抱茎的短鞘。总状花序具数朵至10余朵常偏向一侧的花；花紫红色或粉红色；萼片彼此紧密靠合成宽3~4mm的兜；中萼片披针形，长约6mm，宽约1.5mm；侧萼片斜镰状披针形，与中萼片近等长而较宽；花瓣线形，与萼片近等长，宽约0.5mm，贴生于中萼片；唇瓣狭长圆形，长8~11mm，近中部3裂，上面和边缘具细乳突；中裂片较侧裂片长而稍宽；侧裂片线形；距细圆筒状圆锥形，长约5mm，中部向前弯曲。花期8~9月。

产于武夷山。生于灌丛或草地上，海拔1700~1900m。分布于安徽、甘肃、河北、黑龙江、河南、湖北、江西、吉林、辽宁、内蒙古、青海、陕西、山西、四川、西藏、云南、浙江。不丹、印度、日本、韩国、蒙古国、尼泊尔、俄罗斯至欧洲东部也有。

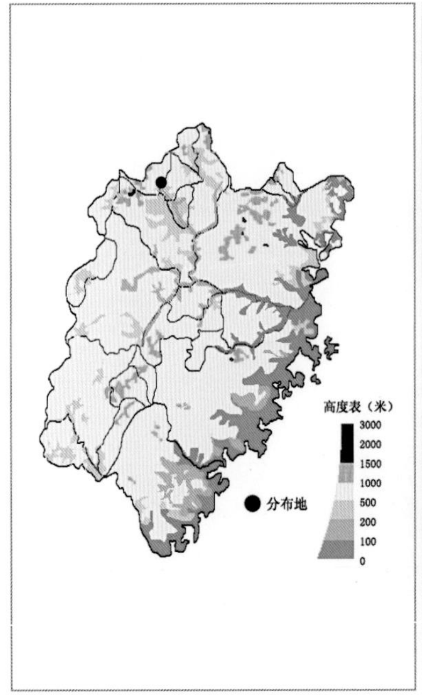

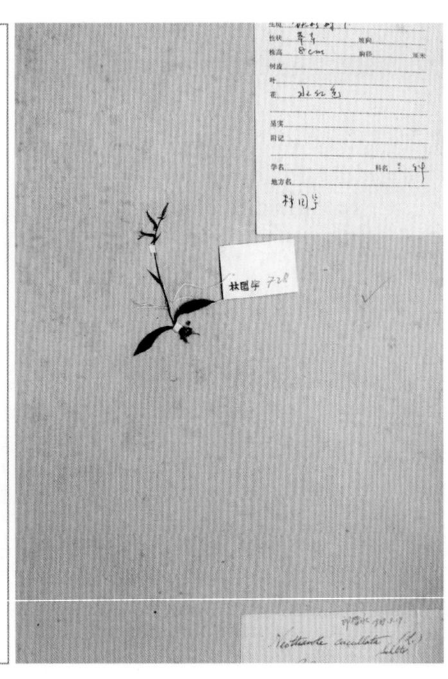

18.白蝶兰属 *Pecteilis* Rafin.

地生草本，地下具肉质块茎。茎直立，基部具鳞片状鞘，其上具少数至多数叶。叶互生，稀近基生。总状花序顶生，具1至数朵花；花苞片大，叶状；花大，常为白色；萼片离生，相似，宽阔；中萼片直立；侧萼片斜歪；花瓣常较萼片狭小；唇瓣深3裂；中裂片线形或宽三角形；侧裂片外侧具长流苏或小齿，较少全缘；距细长，较子房长很多；蕊柱短；蕊喙较低，具长的蕊喙臂；柱头裂片贴生于唇瓣基部，凸出；花药2室，基部两侧具2枚退化雄蕊；花粉团为具小团块的粒粉质，2个，各具纤细的花粉团柄和黏盘；黏盘包藏于蕊喙臂末端的管状皱褶之中。

本属约5种，分布于亚洲东部、东南亚与喜马拉雅地区。我国有3种。福建有1种。

龙头兰

Pecteilis susannae (L.) Rafin., Fl. Tellur. 2: 38. 1837.
— *Orchis susannae* L., Sp. Pl. 2: 939. 1753.

植株高40~120cm。块茎长圆形，长约1.2cm。茎直立，基部具鞘，其上具多枚叶。下部的叶片卵形至卵状披针形，长5~10cm，宽3~4cm，上部的叶片变为披针形、苞片状。总状花序具2~5朵花；花苞片叶状，长3~5cm；花大，白色，芳香；中萼片阔卵形或近圆形，长约2.5cm，宽1~2cm；侧萼片宽卵形，稍偏斜，较中萼片稍长；花瓣线状披针形，甚狭小，长约1cm；唇瓣长约3cm，宽与长相近，3裂；中裂片线状长圆形，长约2cm，宽约4mm；侧裂片宽阔，近扇形，外侧边缘呈篦状或流苏状撕裂；距细长，长6~10cm。花期6~7月。

产于福州、厦门、龙岩、建阳。生于山坡草丛及沟旁，海拔500m以上。分布于广东、广西、贵州、海南、江西、四川、云南。柬埔寨、印度、印度尼西亚、老挝、马来西亚、缅甸、尼泊尔、泰国、越南也有。

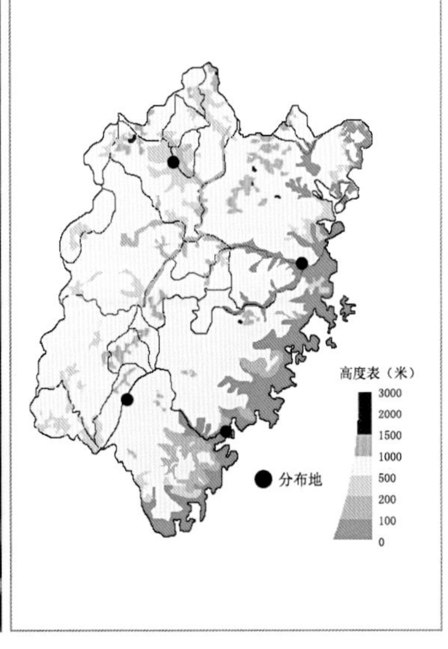

19.阔蕊兰属 *Peristylus* Bl.

地生草本，地下具肉质块茎。茎直立，具1至多枚叶。叶基生、互生或聚生于茎上部；总状花序顶生，具多数花；花小，绿色至白色。萼片离生；中萼片与花瓣靠合成兜状；侧萼片伸展，罕反折；花瓣常较萼片稍宽；唇瓣大于萼片与花瓣，3裂或罕为不裂，基部具短距；距囊状或圆球形，罕为圆筒状；蕊柱很短；蕊喙短；柱头裂片，从蕊喙下向外伸出，贴生于近唇瓣基部后边缘，近球形或棒状；药室并行；退化雄蕊2个，位于花药基部两侧；花粉团为具小团块的粒粉质，2个，各具短的花粉团柄和较小、裸露的黏盘。

本属约70种，分布于亚洲热带和亚热带地区至太平洋一些岛屿。我国有19种，主要分布于长江流域及其以南各地，尤以西南地区为多。福建有3种。

分种检索表

1.叶散生于茎上；距狭圆柱形，较长，长3~4mm ………2. 狭穗阔蕊兰 *P. densus*

1. 叶聚生于茎基部；距球形或囊状，短，长约1mm。

 2. 侧裂片与中裂片成近90° 夹角，明显长于中裂片…………………………………………………………………………………………………… 1. 触须阔蕊兰 *P. tentaculatus*

 2. 侧裂片与中裂片同向，与中裂片近等长 …………3. 撕唇阔蕊兰 *P. lacertifer*

1. 触须阔蕊兰

Peristylus tentaculatus (Lindl.) J. J. Sm., Fl. Buitenzorg. 6: 35. 1905.
—— *Glossula tentaculata* Lindl., Bot. Reg. 10: t. 862. 1825.

植株高16~40cm。块茎球形或卵圆形，长1~2cm。茎细长，基部具3~6枚聚生的叶。叶卵状长圆形至卵状披针形，长4~7.5cm，宽1.5~2cm，基部收狭成抱茎的鞘。总状花序密生10余朵至更多花；花小，绿色或黄绿色；中萼片长圆形，长4~5mm，宽约1.5mm；侧萼片与中萼片近等长而略狭，稍偏斜；花瓣斜卵状长圆形，直立伸展，与中萼片近等长而略宽；唇瓣长圆形，长3~3.5mm，3深裂，基部与花瓣的基部合生；中裂片狭长圆状披针形，长约2mm；侧裂片叉开，与中裂片约成90° 的夹角，丝状，弯曲，长1.5~2cm；距短，球形，末端常2浅裂，长约1mm；蕊柱粗短。花期2~4月。

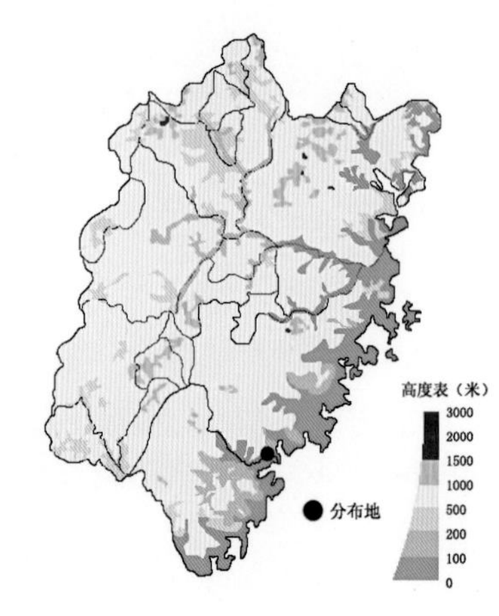

产于厦门。生于山坡潮湿地，海拔约150m。分布于广东、广西、海南、云南。柬埔寨、泰国、越南也有。

触须阔蕊兰

2.狭穗阔蕊兰

Peristylus densus (Lindl.) Santap. & Kapad., J. Bombay Nat. Hist. Soc. 57: 128. 1960.
— *Coeloglossum densum* Lindl., Gen. Sp. Orchid. Pl. 302. 1832.
— *Peristylus flagellifer* (Makino) Ohwi., Fl. Jap. 344.1953.

植株高15~50cm。块茎球状至长圆状卵形，长1~2cm。茎直立，具多枚散生的叶。叶卵状披针形至长圆状披针形，长3~8cm，宽0.8~1.6cm，上部的渐变为苞片状。总状花序顶生，密生多数花；花小，黄绿色；中萼片线状长圆形，长3~4mm，宽约1.4mm；侧萼片与中萼片近等长，较狭；花瓣狭卵状长圆形，较萼片稍短而狭；唇瓣狭长圆状卵形，长4~5mm，3裂，在侧裂片基部后方具1隆起的横脊，将唇瓣分成上唇和下唇两部分，上唇从隆起的脊处向后反曲；中裂片三角状线形，长约3mm；侧裂片线形，叉开，与中裂片成近90° 夹角，长4~7mm；距狭圆柱形，长3~4mm，近末端渐变狭。花期7~9月。

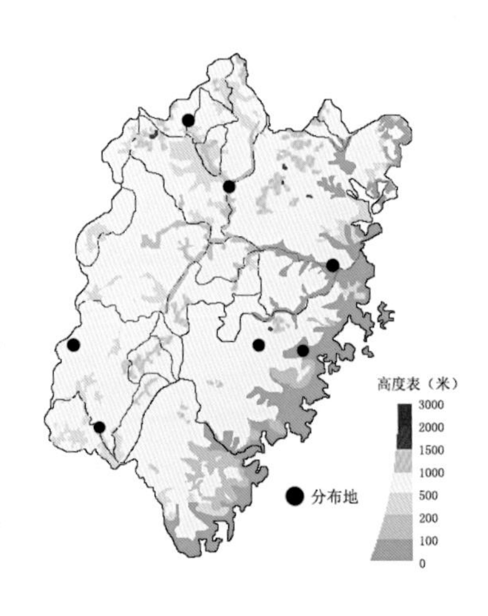

产于福州、仙游、德化、长汀、上杭、建瓯、武夷山。生于山坡林下或草丛中，海拔700~1100m。分布于广东、广西、贵州、江西、云南、浙江。孟加拉国、柬埔寨、印度、日本、朝鲜半岛、缅甸、泰国、越南也有。

3. 撕唇阔蕊兰

Peristylus lacertifer (Lindl.) J. J. Sm., Bull. Jard. Bot. Buitenzorg, sér. 3. 9: 23. 1927.
— *Coeloglossum lacertiferum* Lindl., Gen. Sp. Orchid. Pl. 302. 1835.

植株高20~45cm。块茎长圆形或近球形，长5~15mm。茎直立，基部通常具3枚聚生的叶。叶长圆状披针形或卵状椭圆形，最下部的1枚长5~12 cm，宽1.5~3.5cm，基部收狭成抱茎的鞘。总状花序顶生，密生多数花；花小，直立，白色或淡绿色；中萼片卵形，长约3mm，宽约2mm；侧萼片卵形，与中萼片近等长，较狭；花瓣卵形，与萼片近等长，较狭；唇瓣长圆状倒卵形，反折，长3~4mm，3裂，基部具1枚大的肉质胼胝体；中裂片舌状，长约1.5mm；侧裂片与中裂片同向，线形或线状披针形，略长于中裂片；距短小，囊状，长约1mm；蕊柱粗短，长约1mm。花期8~10月。

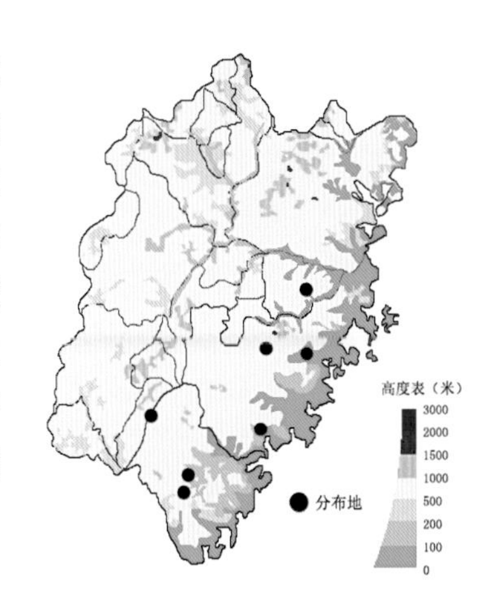

产于永泰、仙游、德化、厦门、南靖、平和、龙岩。生于山坡林下、灌丛下或山坡草丛中，海拔600~800m。分布于广东、广西、海南、四川、台湾、云南。印度、印度尼西亚、日本、马来西亚、缅甸、菲律宾、泰国、越南也有。

20.玉凤花属 *Habenaria* Willd.

地生草本，地下具肉质块茎。茎直立。叶1至数枚，散生于茎上或近基生，基部收狭成抱茎的鞘。总状花序顶生，具少数或多数花；花中等大或大；萼片相似，离生；中萼片常与花瓣靠合成兜状；侧萼片伸展或反折；花瓣不裂或分裂；唇瓣常3裂，基部常有长或短的距，有时为囊状或无距；蕊柱短，两侧常具退化雄蕊；蕊喙有臂，常厚而大；药室叉开，基部延长成短或长的沟；柱头2个，分离，常具柄而呈棒状或柱状；药室叉开；花粉团为具小团块的粒粉质，2个，各具长的花粉团柄和较小、裸露的黏盘。

本属约600种，分布于全球热带、亚热带至温带地区。我国有54种。福建有7种。

分种检索表

1\. 叶2枚，基生……………………………………………… 1. 小巧玉凤花 *H. diplonema*
1\. 叶3~7枚，散生于茎上或聚生于茎的中部至下部。
  2\. 花瓣2裂。
    3\. 叶椭圆形或椭圆状披针形，宽约3cm ………… 4. 裂瓣玉凤花 *H. petelotii*
    3\. 叶线形或线状披针形，宽3~9mm。
      4\. 距近末端突然膨大，粗棒状，长1.4~1.5cm …… 2. 十字兰 *H. schindleri*
      4\. 距向末端逐渐膨大，细棒状，长2.5~3.5cm……………………………………………………………… 3. 线叶十字兰 *H. linearifolia*
  2\. 花瓣不裂。
    5\. 花序轴与花序柄具棱，棱上具长柔毛 ……… 5. 毛葶玉凤花 *H. ciliolaris*
    5\. 花序轴与花序柄不具棱与长柔毛。
      6\. 花通常橙黄色，唇瓣有时橙红色；唇瓣4裂……………………………………………………………… 6. 橙黄玉凤花 *H. rhodocheila*
      6\. 花白色；唇瓣3裂……………………………… 7. 鹅毛玉凤花 *H. dentata*

1. 小巧玉凤花

Habenaria diplonema Schltr., Notes Roy. Bot. Gard. Edinburgh. 5: 100. 1912.

植株高8~13cm。块茎长圆形，长约1cm。叶2枚，近对生于茎基部，近圆形，长1.5~2cm，宽约1.5cm，上面具黄白色斑纹，密被细乳突，边缘具白色缘毛。总状花序具数朵至十余朵花，花序轴被短柔毛；花苞片披针形，仅为子房长的1/2；子房被短柔毛，连花梗长约7mm；花小，绿色，无毛；中萼片宽卵形，长约3.5mm，宽3mm；侧萼片斜卵状椭圆形，反折，长4mm，宽约2.5mm；花瓣斜镰状卵形，不裂，与中萼片近等长，较狭，无毛；唇瓣深3裂；中裂片线状舌形，长2mm，先端近急尖；侧裂片丝状，长6~7mm；距棒状，多少向前弯曲，长约4mm。花期8月。

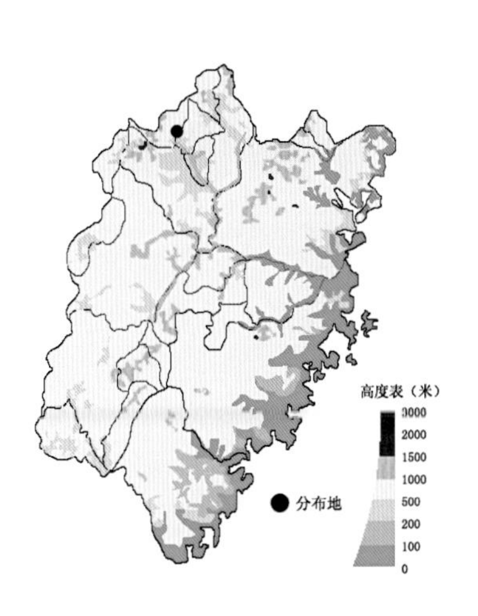

产于武夷山。生于山坡林下。产于四川、云南。

2. 十字兰

Habenaria schindleri Schltr., Repert. Spec. Nov. Regni Veg. 16: 354. 1920.

植株高25~70cm。块茎长圆形，直径约1cm。叶4~7枚，疏生于茎上，线状披针形，长5~23cm，宽3~9mm，先端渐尖。总状花序具数朵至多数花，花序轴无毛；子房无毛，连花梗长1.4~1.5cm；花小，白色或淡绿色；中萼片卵圆形，长4~7mm；侧萼片近半圆形，较中萼片长，反折；花瓣卵形，2裂，上裂片卵状三角形，长约4mm，下裂片三角形披针形，长约1.6mm；唇瓣长1.3~1.5cm，中部以下3深裂，略呈十字形，裂片线形，近等长，长7~9mm；中裂片全缘，先端渐尖；侧裂片较中裂片宽，先端具流苏；距长1.4~1.5cm，近末端突然膨大，粗棒状。花期8~9月。

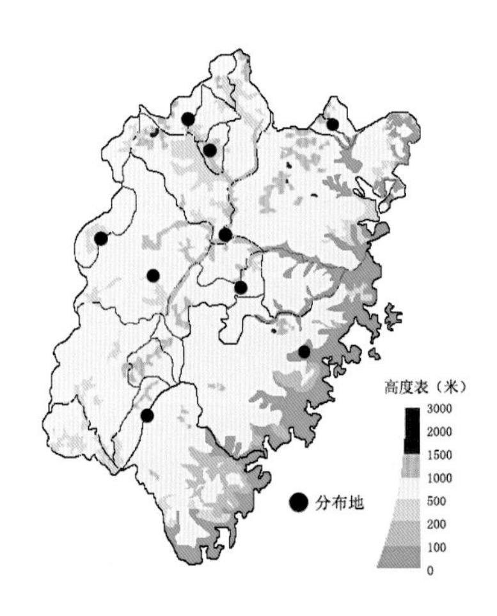

产于寿宁、仙游、龙岩、尤溪、建宁、明溪、南平、建阳、武夷山。生于山坡林下或沟谷草丛中，海拔400~1000m。分布于安徽、广东、河北、湖南、江苏、江西、吉林、辽宁、浙江。日本、朝鲜半岛也有。

3. 线叶十字兰

Habenaria linearifolia Maxim., Prim. Fl. Amur. 269. 1859.

植株高25~80cm。块茎卵形或球形。叶5~7枚，疏生于茎中下部，线形，长9~20cm，宽3~7mm，先端渐尖。总状花序具数朵至多数花，花序轴无毛；子房无毛，连花梗长1.8~2cm；花白色或绿白色；中萼片凹陷呈舟形，卵形或宽卵形，长5.5~6mm，宽3.5~4mm，先端稍钝；侧萼片张开，反折，斜卵形，长6~7mm，宽4~5mm，先端近急尖；花瓣2裂，上裂片长约5mm，宽约3.5mm，下裂片小、齿状较短，先端2浅裂；唇瓣向前伸展，长达15mm，近中部3深裂，略呈十字形；裂片线形，近等长，长8~9mm；中裂片伸直，全缘，先端渐狭、钝；侧裂片向前弧曲，先端具流苏；距下垂，稍向前弯曲，长2.5~3.5cm，向末端逐渐稍增粗呈细棒状。花期7~9月。

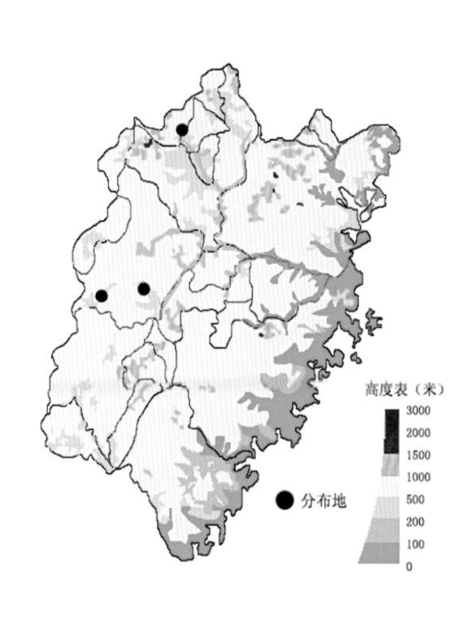

产于明溪、宁化、武夷山。生于山坡林下或沟谷草丛中，海拔约600m。分布于安徽、河北、黑龙江、河南、湖南、江苏、江西、吉林、辽宁、内蒙古、山东、浙江。日本、朝鲜半岛、俄罗斯（远东地区）也有。

4. 裂瓣玉凤花

Habenaria petelotii Gagnep., Bull. Soc. Bot. France. 78: 73. 1931.

植株高35~60cm。块茎长圆形，长3~4cm。叶5~6枚，聚生于茎中部，椭圆形或椭圆状披针形，长3~15cm，宽约3cm。总状花序疏生3~12朵花；花苞片狭披针形，长达1.5cm，先端渐尖；子房无毛，连花梗长1.5~3cm；花淡绿色或白色，中等大；中萼片卵形，凹陷呈兜状，长1~1.2cm，宽约6mm，先端渐尖；侧萼片张开，长圆状卵形，长1.1~1.3cm，宽约6mm，先端渐尖；花瓣从基部2深裂，裂片线形，叉开，近等宽，宽1.5~2mm，边缘具缘毛；上裂片直立，与中萼片并行，长1.4~1.6cm；下裂片与唇瓣的侧裂片并行，长达2cm；唇瓣近基部3深裂，裂片线形，近等长，长1.5~2cm，宽1.5~2mm，边缘具缘毛；距圆筒状棒形，长1.3~2.5cm，稍向前弯曲，中部以下向先端增粗，末端钝。花期7~9月。

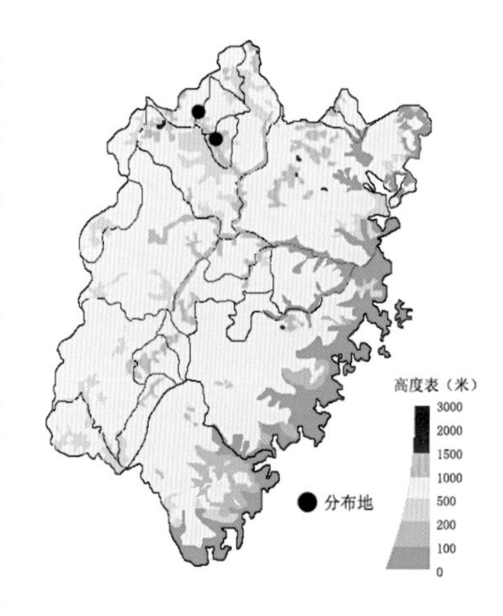

产于建阳、武夷山。生于山坡或沟谷林下。分布于广东、广西、贵州、湖南、江西、四川、云南、浙江。越南也有。

5. 毛葶玉凤花

Habenaria ciliolaris Kraenzl.. Bot. Jahrb. Syst. 16: 169. 1892.

植株高25~50cm。块茎长圆形。叶5~6枚，聚生于茎近中部处，椭圆状披针形、倒卵状匙形或长椭圆形，长5~16cm，宽2~5cm。总状花序顶生，具数朵至多达30朵花；花序柄和花序轴具棱，棱上被长柔毛；子房圆柱状纺锤形，具棱，棱上有细齿，连花梗长2.3~2.5cm；花白色或浅绿色；中萼片宽卵形，长6~7mm，宽约6mm，背面具3条片状具细齿的脊状隆起，近顶部边缘具睫毛；侧萼片斜卵圆形，与中萼片近等长，略狭；花瓣狭披针形，不裂，与萼片近等长，宽约2mm；唇瓣基部3深裂，裂片丝状，并行，向上弯曲，长约2cm；距棒状，长约2cm。花期8~10月。

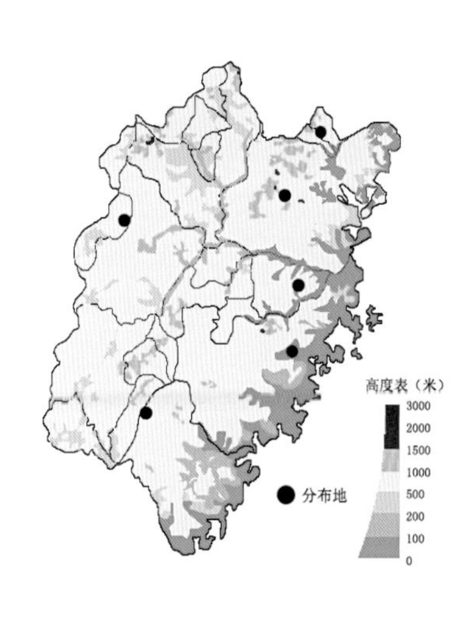

产于屏南、永泰、仙游、龙岩、泰宁、寿宁。生于林下或沟谷边阴处，海拔300~800m。分布于甘肃、广东、广西、贵州、海南、湖北、湖南、江西、四川、台湾、浙江。越南也有。

6. 橙黄玉凤花

Habenaria rhodocheila Hance, Ann. Sci. Nat., Bot., sér. 5. 5: 243. 1866.

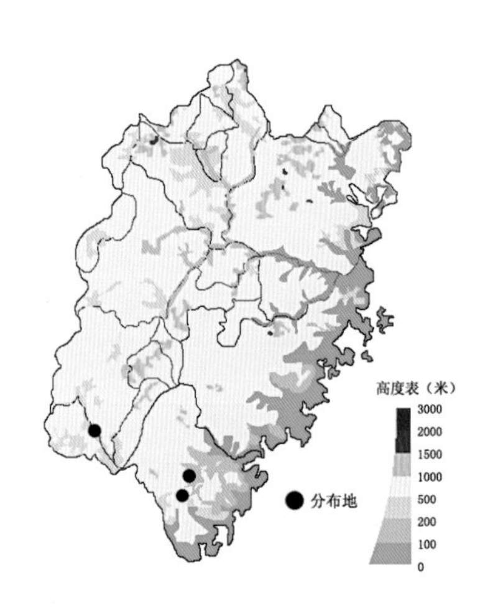

植株高8~35cm。块茎长圆形，长2~4cm。叶4~6枚，生于茎基部和中部，线状披针形至近长圆形，长10~15cm，宽1.5~2cm。总状花序疏生2至10余朵花；花序柄与花序轴无毛；花苞片卵状披针形，先端渐尖，短于子房；子房无毛，连花梗长2~3cm；花通常橙黄色，唇瓣有时橙红色；中萼片近圆形，长7~9mm，宽约8mm；侧萼片长圆形，较中萼片稍长而狭，反折；花瓣匙状线形，不裂，长约8mm，宽约2mm；唇瓣轮廓卵形，4裂，长1.5~2cm，宽1.2~1.5cm，基部具短爪；2枚中裂片，近半卵形，长3~4mm，宽约3mm，先端为斜截形；2枚侧裂片长圆形，长约7mm，宽约5mm，先端钝，斜展；距细圆筒状，长2~3cm，末端常向上弯。花期7~9月。

产于南靖、平和、上杭。生于坡或沟谷林下阴处或岩石上覆土中，海拔200~600m。分布于广东、广西、贵州、海南、湖南、江西。柬埔寨、老挝、马来西亚、菲律宾、泰国、越南也有。

7. 鹅毛玉凤花

Habenaria dentata (Sw.) Schltr., Repert. Spec. Nov. Regni Veg. Beih. 4: 125. 1919.
—— *Orchis dentata* Sw., Kongl. Vetensk. Acad. Nya Handl. 21: 207. 1800.

植株高35~80cm。块茎卵形至长圆形，长2~5cm。叶3~5枚，散生于茎上，长圆形至长椭圆形，长5~12cm，宽2~5cm，上方具数枚苞片状小叶。总状花序具数朵花至多数花；花序柄与花序轴无毛；子房无毛，连花梗长2~3cm；花白色，较大；萼片和花瓣边缘具缘毛；中萼片宽卵形，长1~1.5cm，宽5~6mm；侧萼片斜卵形，略长于中萼片；花瓣狭披针形，不裂，长8~9mm，宽约2.5mm；唇瓣宽倒卵形，长1.5~1.8cm，宽约1.4cm，深3裂；中裂片线形，明显短于侧裂片；侧裂片半圆形，宽7~8mm，具细齿；距向末端逐渐膨大，长约4cm，距口具胼胝体。花期8~9月。

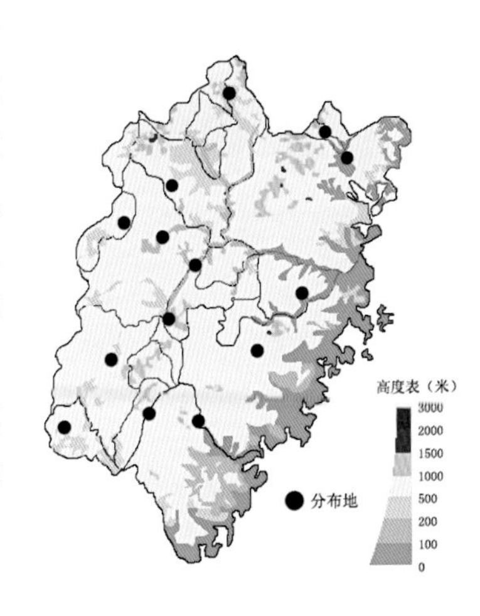

产于福安、寿宁、永泰、德化、华安、龙岩、武平、连城、永安、将乐、沙县、泰宁、邵武、浦城。生于山坡林下、沟边、灌丛中，海拔300~900m。分布于安徽、广东、广西、贵州、湖北、湖南、江西、四川、台湾、西藏、云南、浙江。柬埔寨、印度、日本、老挝、缅甸、尼泊尔、泰国、越南也有。

21.香荚兰属 *Vanilla* Plumier ex P. Miller

攀援草本。茎具许多疏离的节，节上生1枚叶和1条气生根。叶大，肉质，具短柄，有时退化为鳞片状。总状花序生于叶腋，具少数花至多花；花较大，展开；萼片近等大；花瓣与萼片相似，稍狭；唇瓣基部边缘与蕊柱下部两侧合生成管，合生部分有时几达整个蕊柱长度，前部不裂或稍3裂，上面常具毛状附属物；蕊柱长，无蕊柱足；花粉团粒粉质，2或4个，无花粉团柄或黏盘。果实为荚果状，长圆柱形，肉质。不裂开。种子具厚的外种皮，常呈黑色，无翅。

本属约70种，分布于全球热带地区。我国有4种。福建有1种。

南方香荚兰 *Vanilla annamica* Gagnep., Bull. Mus. Natl. Hist. Nat., sér. 2. 3: 686. 1931.

茎长可达数米或十数米，粗约1cm，节间长6~10cm。叶椭圆形，长18~23cm，宽5~10cm，基部具长1~1.5cm的柄；花序长10~20cm，具数朵花；花苞片宽椭圆形或椭圆形，凹陷，长7~12cm，先端钝；花浅绿色，常具白色唇瓣；萼片与花瓣披针形，长1.4~2cm，宽约5mm；唇瓣长2~2.5cm，先端略3裂，边缘波状，与蕊柱边缘合生成管的长度约为蕊柱长度的3/4，唇盘中央具鳞片状附属物；中裂片近先端具密集的流苏状毛；侧裂片较大，内弯，使唇瓣呈喇叭状；蕊柱长约2cm。花期4~5月。

产于南靖。生于林下或沟谷边，海拔约500m。分布于贵州、香港、云南。泰国、越南也有。

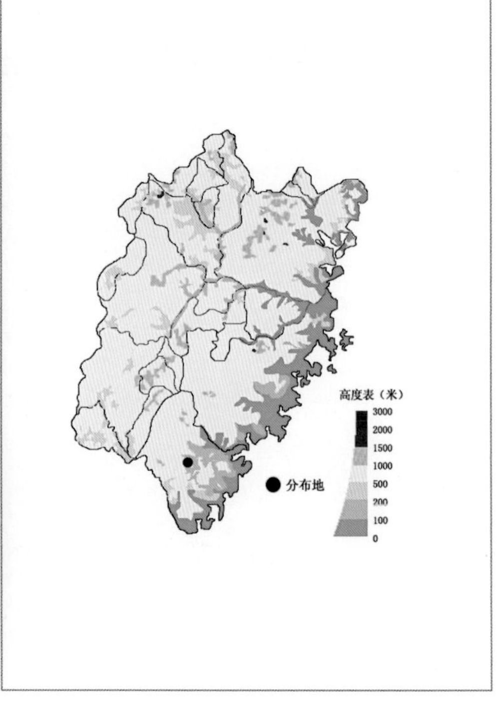

22.盂兰属 *Lecanorchis* Bl.

菌根营养草本，无绿叶。根状茎细长，分枝或不分枝。茎直立，纤细，分枝或不分枝，疏生鳞片状鞘。总状花序顶生，具少数至10余朵花；花小，不甚张开，在子房顶端和萼片基部之间具1个杯状物（副萼）；萼片与花瓣离生，相似；唇瓣不裂或3裂，基部具爪，爪的边缘贴生于蕊柱两侧而成管，罕有不合生，唇盘上常被毛或具乳头状凸起，无距；蕊柱较细长，先端稍扩大；花药2室；花粉团粒粉质，2个，无花粉团柄，亦无明显的黏盘。

本属约10种，分布于东南亚至太平洋岛屿，向北达日本和我国南部。我国有4种。福建有2种。

分种检索表

1. 唇瓣3裂 ……………………………………………… 1. 盂兰 *L. japonica*
1. 唇瓣不裂 ……………………………………………… 2. 全唇盂兰 *L. nigricans*

1. 盂兰 *Lecanorchis japonica* Bl., Mus. Bot. 2: 188. 1856.

植株高达33cm，无绿叶，地下具肉质的、粗约5mm的根状茎。茎纤细，淡白色，但果期变为黑色，中下部具4枚圆筒状抱茎的鞘。总状花序顶生，长4~5cm，具3~7朵花；花苞片卵形至卵状披针形，较花梗连子房的长度短；副萼高约1mm，宽约1mm，具6枚齿；花浅黄白色，有褐色晕；萼片倒披针形，长约1.2cm，宽约2mm；花瓣与萼片相似；唇瓣基部有爪，爪的边缘与蕊柱合生成长3.5~4mm的管，上部离生，离生部分倒卵形，长8~9mm，3裂；中裂片宽椭圆形，边缘皱波状并有缺刻，上面疏被长柔毛，侧裂片半卵形；蕊柱长约7mm，顶端略扩大。花期6月。

产于南靖、武夷山。生于林下，海拔约300m。分布于湖南、台湾。日本也有。

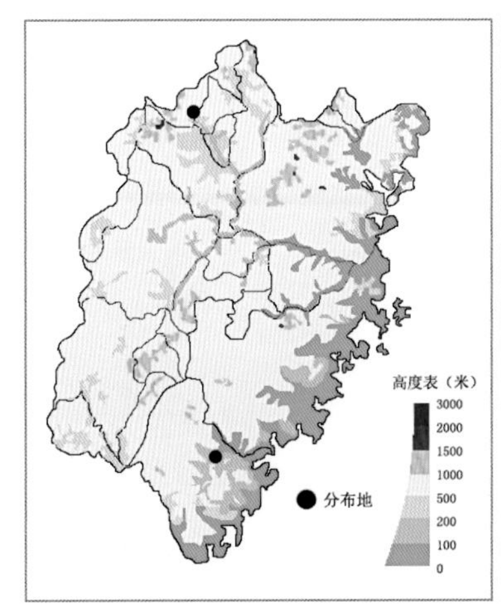

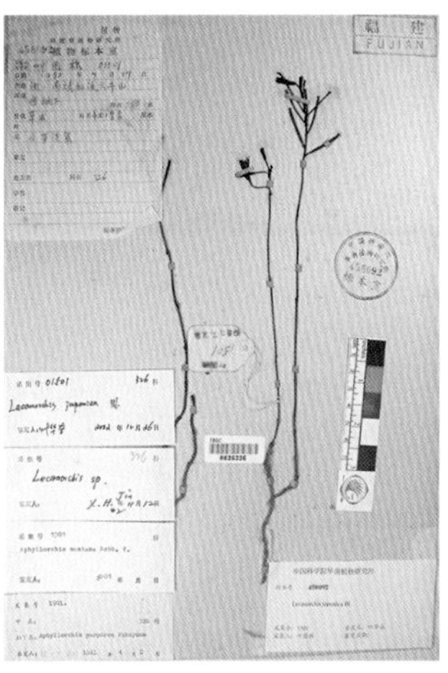

2. 全唇盂兰

Lecanorchis nigricans Honda, Bot. Mag. (Tokyo). 45: 470. 1931.

植株高12~40cm，无绿叶，地下具稍木质化的根状茎。茎直立，黑褐色，常分枝，具数枚鞘。总状花序顶生，具数朵花；花苞片卵圆形，长1~2mm；花梗和子房长约1cm，紫褐色；花浅褐色或白色带淡紫色；副萼很小；萼片狭倒披针形，长约1.2cm，宽约2mm，先端急尖；侧萼片略斜歪，镰刀状披针形；花瓣倒披针状线形，与萼片近等大；唇瓣狭倒披针形，长1~1.6cm，不裂，上面多少具毛；蕊柱长约1cm。花期6~7月。

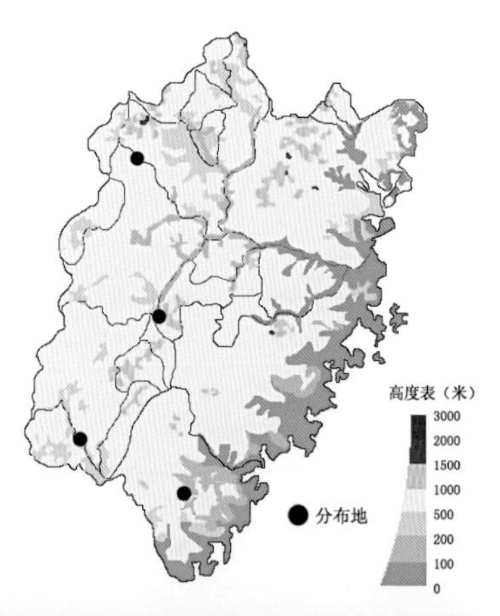

产于南靖、上杭、永安、邵武。生林下阴湿处，海拔约450m。分布于台湾。琉球群岛也有。

23.朱兰属　*Pogonia* Juss.

地生草本。根状茎短，生数条纤维状的肉质根。茎直立，纤细。叶1枚，生于茎中上部，扁平，椭圆形至长圆状披针形，基部具抱茎的鞘。花常单朵顶生，稀2~3朵；花苞片叶状，宿存；萼片离生，相似；花瓣常较萼片稍宽而短；唇瓣不裂或多少3裂，基部无距，边缘常有流苏或齿缺；蕊柱细长，无蕊柱足；蕊喙边缘具不整齐的齿；柱头1个；花粉团粒粉质，2个，无花粉团柄与黏盘。

全属共4种，分布于东亚与北美。我国有3种。福建有2种。

分种检索表

1.花淡紫红色；萼片、花瓣长1.2~2.2cm ……………………… 1.朱兰 *P. japonica*

1.花白色或淡黄色，有时略带粉红色；萼片、花瓣长1~1.2cm… 2.小朱兰 *P. minor*

1. 朱兰

Pogonia japonica Rchb. f, Linnaea 25: 228. 1852.

植株高12~25cm。茎直立，纤细。叶1枚，生于茎中部或中部以上，长圆状披针形，长3~8cm；宽0.8~1.5cm，基部收狭，抱茎。花单朵顶生，淡紫红色；萼片狭长圆状倒披针形，长1.2~2.2cm，宽约3mm；花瓣与萼片近等长，较宽；唇瓣近狭长圆形，3裂，基部至中裂片上有2~3条纵褶片，在中裂片上变为鸡冠状凸起；中裂片边缘具流苏状齿缺，侧裂片顶端具少数齿；蕊柱长约1cm，上部具狭翅。花期5~6月。

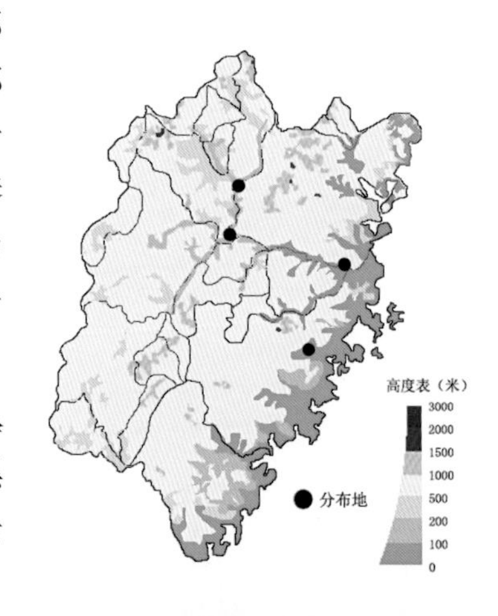

产于福州、仙游、南平、建瓯。生于山坡林下或草丛中阴湿处，海拔600m以上。分布于安徽、广西、贵州、黑龙江、湖北、湖南、江西、吉林、内蒙古、山东、四川、云南、浙江。日本、朝鲜半岛也有。

2. 小朱兰

Pogonia minor (Makino) Makino, Bot. Mag. Tokyo 23: 137. 1909.
—— *Pogonia japonica* Rchb. f. var. *minor* Makino, Bot. Mag. (Tokyo) 12: 103. 1898.

植株高15~20cm。茎纤细，近基部具1枚近圆筒状鞘。叶1枚，生于茎中上部，倒披针状狭长圆形，长3~7cm，宽4~12mm。花单朵顶生，白色或淡黄色，有时稍带紫红色；萼片狭倒披针形，长1~1.2cm，宽约2mm；花瓣与萼片相似，近等长，略宽；唇瓣3裂，倒披针形，基部有3条褶片延伸至中裂片上，但在中裂片上则变为3列丝状毛或流苏状毛；中裂片长圆形，边缘有不规则齿缺或多少流苏状，侧裂片短；蕊柱细长。花期6月。

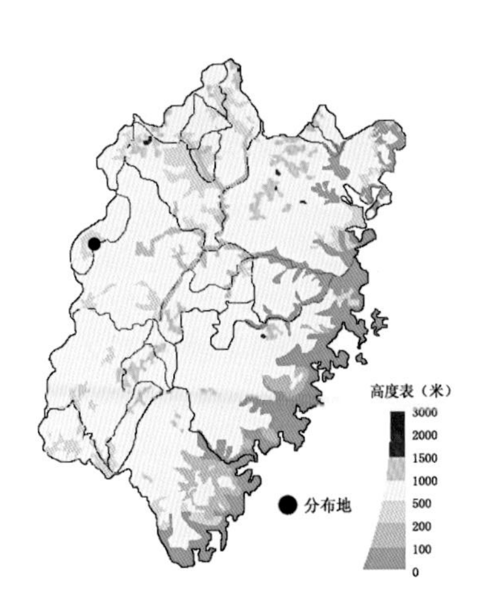

产于建宁。生于山坡草地。分布于台湾。日本也有。

24.头蕊兰属 *Cephalanthera* Rich.

地生，自养或无绿叶的菌根营养植物，草本，具短的匍匐根状茎。茎直立，基部被筒状鞘。自养植物叶互生，纸质，具折扇状脉，基部无柄，下延为抱茎的鞘。总状花序顶生，通常具数朵花；花苞片宿存；花常直立，稍张开，多少扭转；萼片离生，相似；花瓣常略短于萼片，常与萼片多少靠合成筒状；唇瓣3裂，近直立，基部凹陷成囊状或具短距；中裂片较大，上面具褶片，近先端常密生乳突；侧裂片较小，常多少围抱蕊柱；蕊柱直立，近半圆柱形；柱头凹陷，位于蕊柱前方近顶端处；蕊喙短小，不明显；花药直立，2室，生于蕊柱顶端背侧，两侧各具1枚退化雄蕊；花粉团粒粉质，2个，每个稍纵裂为2，无附属物。

本属约15种，主要分布于北温带和东亚，部分种类可达北非和东南亚。我国有9种。福建有2种。

分种检索表

1.花黄色；唇瓣具5~7条纵褶片 ………………………… 1. 金兰 *C. falcata*

1.花白色；唇瓣具3条纵褶片 ………………………… 2. 银兰 *C. erecta*

1. 金兰

Cephalanthera falcata (Thunb.) Bl., Coll. Orchid. 187. 1859.
—— *Serapias falcata* Thunb., Syst. Veg., ed. 14, 816. 1784.

植株高20~45cm。叶4~7枚，椭圆形、椭圆状披针形或卵状披针形，长4~7cm，宽1~2cm，基部收狭抱茎。总状花序长2~8cm，具5~10朵花；花黄色，直立，稍张开；萼片狭菱状椭圆形，长1.2~1.5cm，宽约5mm；花瓣与萼片相似，稍短；唇瓣长8~9mm，3裂，基部有距；中裂片近扁圆形，长约5mm，宽8~9mm，上面具5~7条纵褶片，近先端处密生乳突；侧裂片三角形，多少围抱蕊柱；距圆锥形，长约3mm；蕊柱长约6mm，顶端稍扩大。花期4~5月。

产于建瓯、武夷山。生于林下或山坡草丛中，海拔约1200m。分布于安徽、广东、广西、贵州、湖北、湖南、江苏、江西、四川、云南、浙江。日本和朝鲜半岛也有。

2. 银兰

Cephalanthera erecta (Thunb.) Bl., Coll. Orchid. 188. 1859.
— *Serapias erecta* Thunb., Syst. Veg., ed. 14, 816. 1784.

植株高10~30cm。叶3~4枚，椭圆形至卵状披针形，长2~7cm，宽1~3cm，基部收狭抱茎。总状花序长3~8cm，具3~10朵花；花白色，直立；萼片长圆状椭圆形，长约8mm，宽约3.5mm；花瓣与萼片相似，稍短；唇瓣长8~9mm，基部有距，3裂；中裂片近心形，长约3mm，宽4~5mm，上面具3条纵褶片，纵褶片向前方逐渐为乳突所代替；侧裂片卵状三角形或披针形，多少围抱蕊柱；距圆锥形，长约3mm；蕊柱长约3.5mm。花期4~6月。

产于闽侯、将乐、武夷山。生于密林下，海拔900~1200m。分布于安徽、甘肃、广东、广西、贵州、湖北、江西、陕西、四川、台湾、云南、浙江。日本和朝鲜半岛也有。

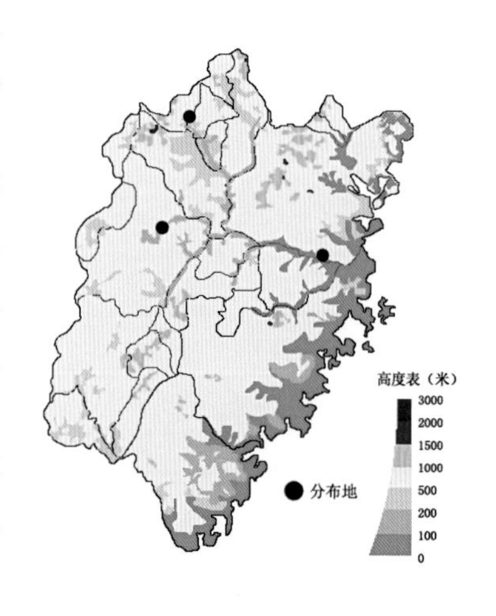

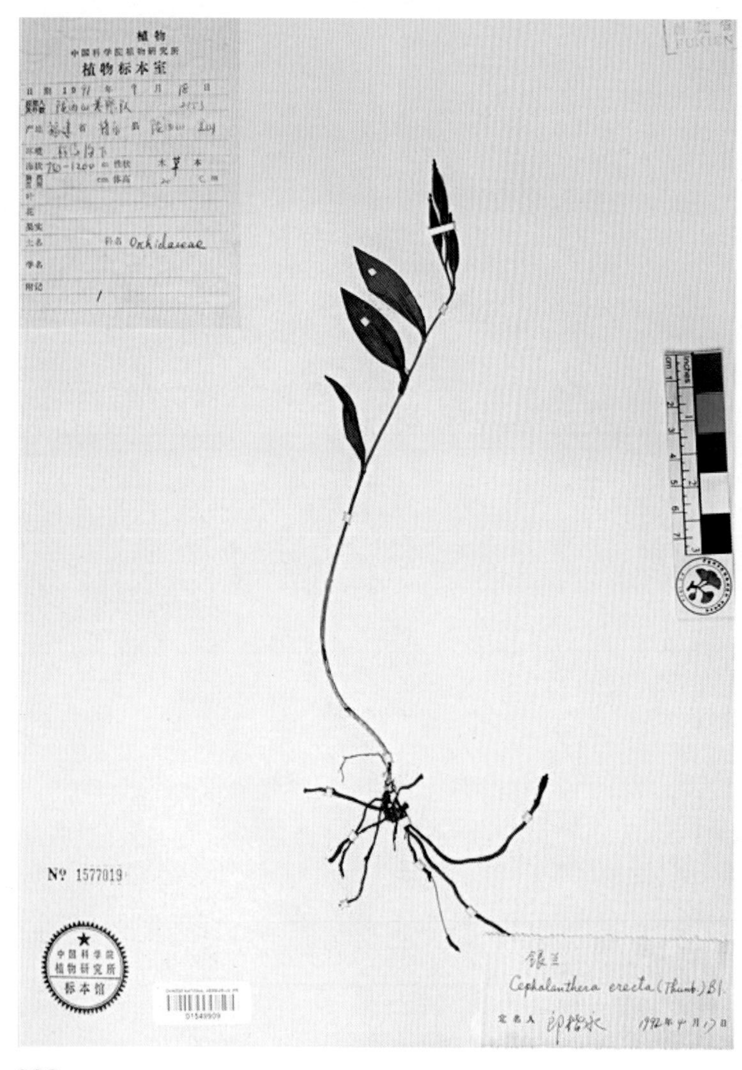

25.无叶兰属 *Aphyllorchis* Bl.

菌根营养草本，无绿叶，地下具缩短的根状茎和肉质根。茎直立，肉质，不分枝，常呈浅褐色，中下部具数枚膜质鞘，上部具数枚鳞片状不育苞片。总状花序顶生，疏生少数或多数花；花苞片膜质；花小或中等大，常具较长的花梗和子房；萼片相似，离生，常多少凹陷而呈舟状；花瓣与萼片相似，稍狭；唇瓣常分为上下唇；下唇凹陷，常较小，基部具1对耳状裂片；上唇外弯，不裂或3裂；蕊柱较长，向前弯曲；花药2室；花丝极短；退化雄蕊2，生于蕊柱顶端两侧；柱头凹陷，位于前方近顶端处；蕊喙很小；花粉团粒粉质，2个，每个多少纵裂为2，不具花粉团柄与黏盘。

本属约30种，主要分布于亚洲热带和喜马拉雅地区，向北可延伸至日本，南至澳大利亚。我国有5种，产南部和西南部。福建有1种。

无叶兰 *Aphyllorchis montana* Rchb. f., Linnaea. 41: 57. 1877.

植株高40~50cm。茎下部具多枚长0.5~2cm抱茎的鞘，上部具数枚鳞片状的、长1~1.3cm的不育苞片。总状花序长约20cm，疏生10余朵花；花苞片线状披针形，反折，明显短于子房连花梗的长度；花黄褐色；中萼片长圆形或倒卵形，舟状，长约1.1cm，宽3~4mm，先端钝；侧萼片较中萼片稍短且不为舟状；花瓣较短而质薄，近长圆形；唇瓣长约1cm，近基部处缢缩而形成上下唇；下唇稍凹陷，内具不规则凸起，两侧具三角形或三角状披针形的耳；上唇卵形，长约7mm，有时多少3裂，边缘稍波状。花期7~9月。

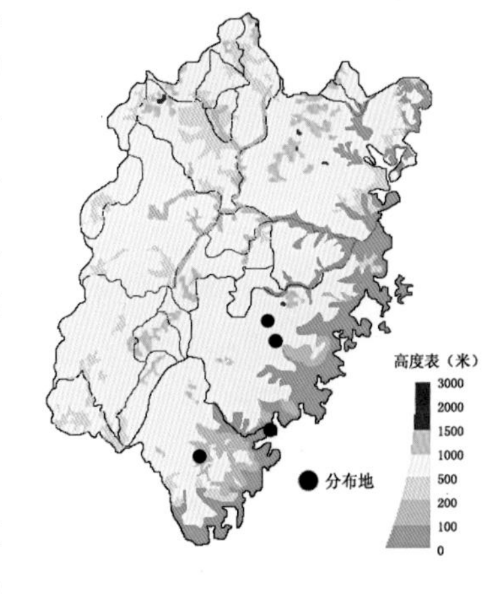

产于永春、德化、厦门、南靖。生于林下，海拔300~1400m。分布于广西、贵州、海南、香港、台湾、云南。柬埔寨、印度、印度尼西亚、日本、马来西亚、菲律宾、斯里兰卡、泰国、越南也有。

26.鸟巢兰属 *Neottia* Guettard

地生草本，自养或无绿叶的菌根营养植物，具短的根状茎和成簇的肉质纤维根。茎直立，基部具数枚鞘。自养植物叶通常2枚，卵形、正三角状卵形、卵状心形或近心形，基部浅心形、截形或宽楔形，对生或近对生，常生于茎中部或上部，无柄或近无柄。总状花序顶生，常具数朵花，极少减退为单花；花苞片膜质，宿存，通常短于子房；花小，倒置，极少不倒置；萼片离生，相似；花瓣常较萼片狭而短；唇瓣基部有时具1对耳，无距，但有时凹陷成浅杯状，先端2深裂或微凹，极少不裂；蕊柱近直立或稍向前弯曲，无蕊柱足；花药近直立或俯倾；柱头位于近蕊柱前方顶端，在舌状蕊喙之下；花粉团粒粉质，2个，每个多少纵裂为2，无花粉团柄。

本属约70种，分布于北温带，部分种类延伸至热带亚洲。我国有35种。福建有1种。

西藏对叶兰

Neottia pinetorum (Lindl.) Szlach., Fragm. Florist. Geobot., Suppl. 3: 118. 1995.
— *Listera pinetorum* Lindl., J. Proc. Linn. Soc., Bot. 1: 175. 1857.

地生自养草本，植株高10~35cm。茎中部或中部以上具2枚对生叶，叶以上的部分被短柔毛。叶卵状心形至肾状卵形，长1.5~3cm，宽2~3cm，先端急尖，无柄。总状花序具2~10朵花；花绿黄色；中萼片近长圆形，长约3mm，宽约1mm；侧萼片斜狭椭圆形，较中萼片稍长，宽约1.5mm；花瓣线形，长3~4mm，略狭于中萼片；唇瓣近倒披针形，长7~11mm，上部宽4~5mm，先端2裂，裂片间具细尖头或不明显凸起，基部收狭，中央具1条粗厚的蜜槽；裂片长圆状披针形，长2~4mm，边缘具乳突状微毛；蕊柱长约3mm。花期8~9月。

产于武夷山。生于山坡密林下。分布于西藏、云南。不丹、印度、尼泊尔也有。

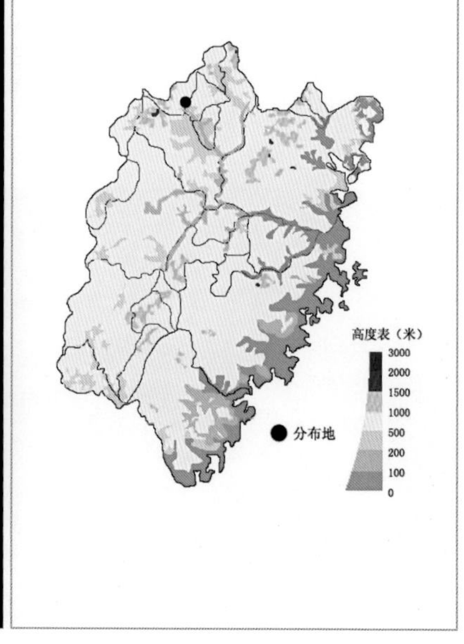

27.芋兰属　*Nervilia* Comm. ex Gaud.

地生草本，具近球状块茎。叶1枚，花后出现，心形、圆形或肾形，被毛或无毛，通常具长柄。总状花序顶生，1~2花或数花；花序柄具1枚或数枚管装鞘；花直立或俯垂，中等大，常不甚展开；萼片和花瓣相似，狭长；唇瓣3裂或较少不裂，近直立，基部无距或有距；蕊柱细长，无翅；柱头1个；花药内倾，具2室；花粉团粒粉质，2个，无花粉团柄，不具或具黏盘。

本属约65种，分布于亚洲和非洲的热带与亚热带地区，向南可达澳大利亚和太平洋西南诸岛。我国有9种。福建有1种。

毛叶芋兰

Nervilia plicata (Andr.) Schltr., Bot. Jahrb. Syst. 45: 403. 1911.
—— *Arethusa plicata* Andr., Bot. Repos. 5: 321. 1803.

地下块茎白色，球形或椭圆形，直径5~15mm。叶1枚，近圆的心形，长4~11cm，宽3.5~13cm，花凋谢后生出，上面黑紫色，背面绿色，具多条在叶两面隆起的粗脉，脉上、脉间和边缘均有粗毛；叶柄长1.5~3cm。总状花序长10~20cm，具2朵花；花稍张开，多少下垂；萼片和花瓣褐黄色或紫色，有紫红色脉，近等大，线状长圆形，长2.5~3cm，宽3~6mm，先端渐尖；唇瓣浅褐色至近白色，近长圆形或卵形，长达2cm，近中部不明显的3浅裂，无毛；中裂片大，近四方形或卵形；侧裂片小，围抱蕊柱；蕊柱长1~1.2cmmm。花期5月。

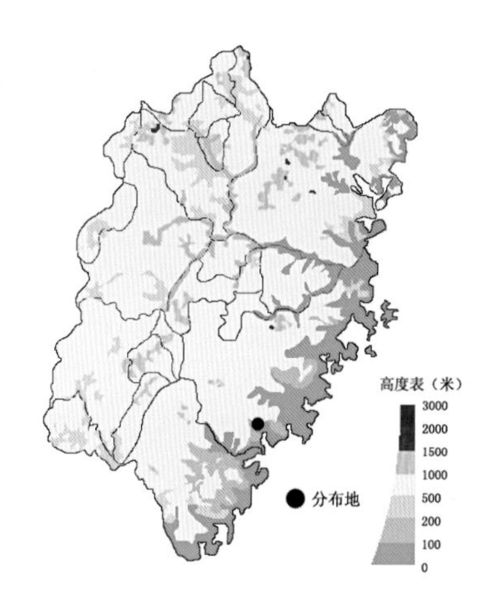

产于厦门。生于林下或沟谷阴湿处。分布于甘肃、广东、广西、四川、台湾、云南。孟加拉国、不丹、印度、印度尼西亚、老挝、马来西亚、缅甸、巴布亚新几内亚、菲律宾、泰国、越南、澳大利亚也有。

28.天麻属　Gastrodia R. Br.

菌根营养草本，无绿叶，地下块状根状茎大或小，平卧，具密节。茎直立，常为黄褐色，中部以下具数节，节上具膜质鳞片状鞘。总状花序顶生，具少数至多数花；花钟形、近壶形或圆柱形；萼片与花瓣合生成筒，仅上端分离；唇瓣不裂，较小，贴生于蕊柱足末端，藏于花被筒内；蕊柱长，具狭翅，基部具短的蕊柱足；花药较大，近顶生；花粉团粒粉质，2个，近棒状，通常由易碎的小团块组成，无附属物。

本属约20种，分布于东亚、东南亚至澳大利亚和太平洋西南诸岛，也见于热带非洲、马达加斯加和马斯克林群岛。我国有15种。福建有3种。

分种检索表

1. 花被筒圆柱形，两枚侧萼片合生处无裂口 … 3. 武夷山天麻 *G. wuyishanensis*
1. 花被筒近壶形，筒的基部向前方凸出，两枚侧萼片合生处具裂口。
   2. 花梗连子房略长于花苞片 ……………………………1. 南天麻 *G. javanica*
   2. 花梗连子房略短于花苞片 …………………………………… 2. 天麻 *G. elata*

1. 南天麻

Gastrodia javanica (Bl.) Lindl., Gen. Sp. Orchid. Pl. 384. 1840.
—— *Epiphanes javanica* Bl., Bijdr. 421. 1825.

植株高20~80cm。根状茎近圆柱形，长3~15cm，直径约1cm。总状花序具少数至10余朵花；花苞片三角形，长约3.5mm；花梗连子房长约5.5mm，长于花苞片；花黄绿色或浅灰褐色，中脉处有紫色条纹；花被筒长约1cm，近壶形，顶端具5枚裂片，两枚侧萼片合生处的裂口几乎深达近基部，唇瓣多少外露，筒的基部略向前方凸出；花被裂片宽卵状圆形，长2.5~3mm，外轮裂片略大于内轮裂片；唇瓣以基部的爪贴生于蕊柱足末端，上部卵圆形，长5~6mm；爪长3~4mm，上面具2枚胼胝体；蕊柱长约7mm，具翅；蕊柱足长约3mm。花期6~7月。

产于武夷山。生于林下。分布于台湾。印度尼西亚、日本、马来西亚、菲律宾、泰国也有。

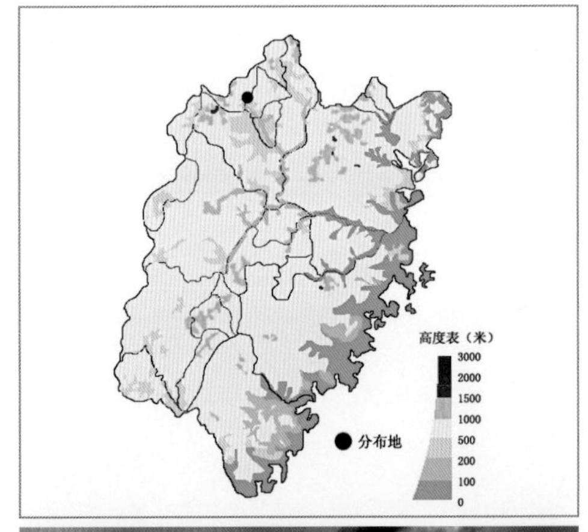

2. 天麻

Gastrodia elata Bl., Mus. Bot. 2: 174. 1856.

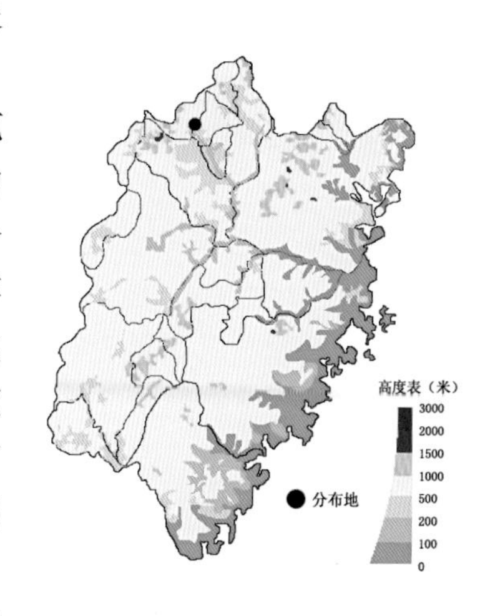

植株高30~100cm，根状茎椭圆形至近哑铃形，长8~12cm，粗3~5cm。总状花序长5~30cm，常具30~50朵花；花苞片长圆状披针形，长1~1.5cm；花梗连子房略短于花苞片；花近直立，橙黄、淡黄、蓝绿或黄白色；花被筒长约1cm，直径约6mm，近壶形，顶端具5枚裂片，两枚侧萼片合生处的裂口深达5mm，筒的基部向前方凸出；外轮裂片（萼片离生部分）卵状三角形，先端钝；内轮裂片（花瓣离生部分）近长圆形，较小；唇瓣长圆状卵圆形，长6~7mm，宽3~4mm，3裂，基部贴生于蕊柱足末端与花被筒内壁上，内有一对肉质胼胝体，上部离生，上表面具乳突，边缘有不规则短流苏；蕊柱长约6mm，具短的蕊柱足。花果期5~7月。

产于武夷山。生于疏林下、林中空地、林缘、灌丛边缘，海拔约1500m。分布于安徽、甘肃、贵州、河北、河南、湖北、湖南、江苏、江西、吉林、辽宁、内蒙古、陕西、山西、四川、台湾、西藏、云南、浙江。不丹、印度、日本、朝鲜半岛、尼泊尔、俄罗斯（远东地区）也有。

3. 武夷山天麻

Gastrodia wuyishanensis Da M. Li & C. D. Liu, Novon 17:354. 2007.

植株高13~28cm。根状茎褐色，圆柱形或椭圆形，长1.5~2cm，直径0.6~0.8cm，具3~4节。花序柄灰褐色或灰绿色，长10~20cm，中部以下疏生数枚鳞片状鞘；鞘圆柱形，长4~13mm；总状花序长2.5~7cm，疏生5~8朵花；花苞片早落，褐色，宽卵形，长2~3cm，先端锐尖；花张开或半张开，不倒置，唇瓣位于上方，灰白色；花梗连子房长3~7mm，青白色；花被筒圆柱形，长7~11mm，宽4~5mm，两枚侧萼片合生处无裂口；外轮裂片三角形至卵圆形，先端钝；内轮裂片卵圆形，先端浑圆；唇瓣宽菱形或倒卵形，长2~3mm，不裂；蕊柱长4~5mm，具狭翅。花期8~9月。

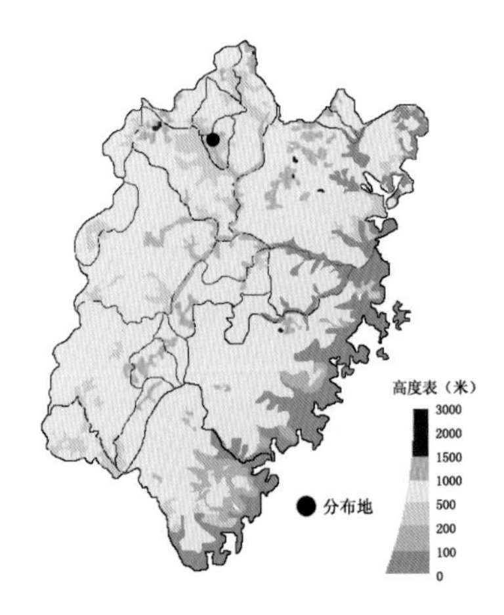

产于建阳。生于密林下，海拔1200~1400m。

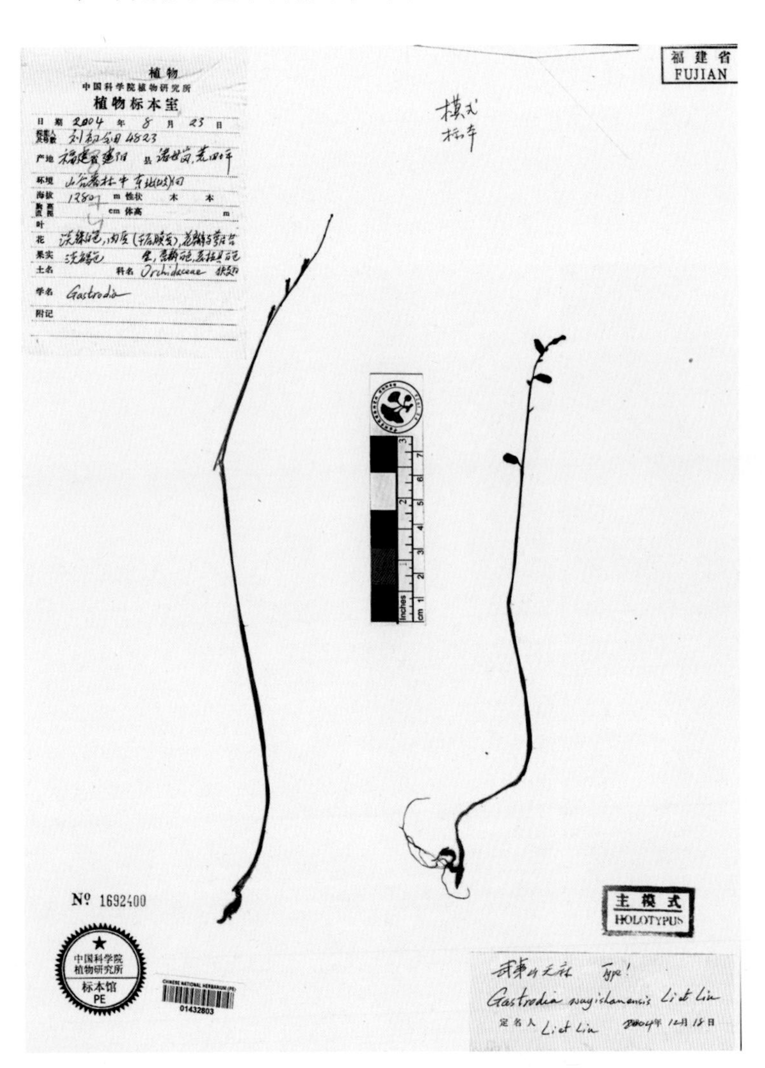

29. 双唇兰属 *Didymoplexis* Griff.

菌根营养草本，无绿叶。根状茎多少呈块茎状，颈部生少数须根。茎纤细，直立，被少数鳞片状鞘。总状花序顶生，具1至数朵花；花小，扭转；萼片和花瓣在基部合生成浅杯状，中萼片与花瓣合生部分可达中部并形成盔状覆盖于蕊柱上方，侧萼片合生部分亦可达中部；唇瓣基部着生于蕊柱足上，离生，不与萼片或花瓣连合，不裂或3裂；蕊柱长，上端扩大而具2个短耳，具蕊柱足；花药生于顶端背侧，具短的花丝；花粉团粒粉质，4个，成2对，直接附着于黏的黏盘上。

本属约18种，分布于东南亚，北至中国东南部、越南和琉球群岛，西至非洲西南部和马达加斯加岛，南至澳大利亚和太平洋西南诸岛。我国有2种。福建有1种。

双唇兰

Didymoplexis pallens Griff., Calcutta J. Nat. Hist. 4: 383. 1843.

植株高6~25cm。地下根状茎浅褐色，长8~25mm，直径5~8mm。茎直立，具3~5枚鳞片状鞘。总状花序长达3cm，具4~8朵花；花白色；中萼片与花瓣长约9mm，约1/2长度合生，离生部分卵状三角形；两枚侧萼片长3~4.5mm，合生部分达全长的1/2以上，而与花瓣合生部分长约为其长度的1/3；唇瓣倒三角状楔形，长4~4.5mm，宽6~7mm，先端近截形并多少呈啮蚀状，两侧边缘直立，唇盘上有许多褐色疣状凸起；蕊柱长约4mm，基部具长约2mm的蕊柱足。花果期4~5月。

产于武夷山。生于灌丛中。分布于台湾。阿富汗、孟加拉国、印度、印度尼西亚、日本、马来西亚、巴布亚新几内亚、菲律宾、泰国、越南、澳大利亚和太平洋岛屿也有。

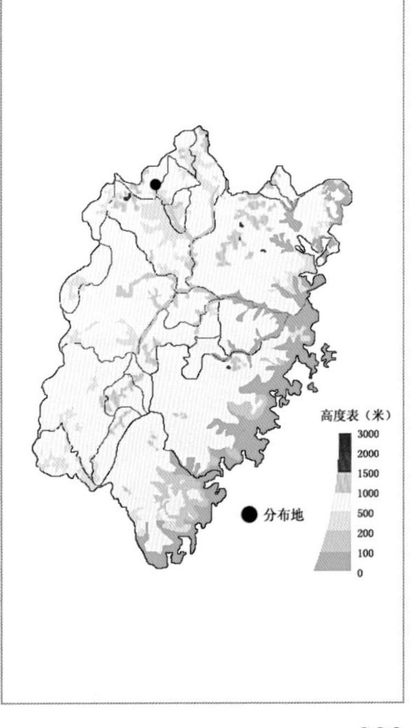

30.白及属 *Bletilla* Rchb. f.

地生草本。根状茎块茎状，形状不规则，生多数须根。茎包藏于管状叶鞘之中，具少数叶。叶常狭长，具折扇状脉，基部鞘相互卷叠。总状花序，顶生，常具数朵花；花序轴常曲折成“之”字状；花中等大，较美丽；萼片与花瓣相似，离生；唇瓣常3裂，唇盘上从基部至近先端具5条纵脊状褶片，基部无距；中裂片伸展；侧裂片直立，稍围抱蕊柱；蕊柱细长，两侧具翅，无蕊柱足；柱头1个；花药2室；花粉团粒粉质，8个，每4个为1群，无明显的花粉团柄和黏盘。

本属约6种，主要分布于我国和日本，也见于缅甸。我国有4种。福建有1种。

白及

Bletilla striata (Thunb.) Rchb. f., Bot. Zeitung (Berlin). 36: 75. 1878.
—— *Limodorum striatum* Thunb., Syst. Veg., ed. 14, 816. 1784.

植株高15~50cm。根状茎三角状球形，粗1~3cm。叶4~6枚，狭长圆形或披针形，长8~29cm，宽1.5~4cm，先端渐尖，基部收狭成鞘并抱茎。总状花序长3~7cm，具3~10朵花；花大，粉红色、紫红色或白色；萼片狭长圆形，长2.5~3cm，宽6~8mm，先端急尖；花瓣与萼片近等长，稍宽；唇瓣白色带紫红色，具紫色脉，倒卵状椭圆形，长1.4~3.2cm，中部以上3裂，唇盘上面具5条纵褶片，从基部伸至中裂片近顶部，在中裂片上呈波状；蕊柱长约2cm，稍弓曲，具狭翅。花期4~5月。

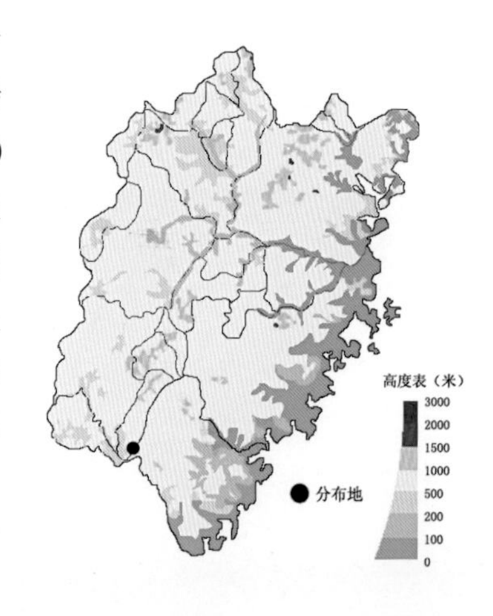

产于永定。生于路边草丛中。分布于安徽、甘肃、广东、广西、贵州、湖北、湖南、江苏、江西、陕西、四川、浙江。日本、韩国、缅甸也有。

白及

31. 宽距兰属 *Yoania* Maxim.

菌根营养草本，无绿叶。根状茎肉质分枝或有时呈珊瑚状，具许多鳞片状鞘。茎肉质，直立，稍粗壮，浅褐色或粉红白色，具多枚鳞片状鞘。总状花序顶生，疏生或稍密生数朵至10余朵花；子房连花梗较长；花中等大；萼片与花瓣离生，展开或靠合，花瓣常较萼片宽而短；唇瓣凹陷成舟状，基部具短爪，着生于蕊柱基部，在唇盘具1个胼胝体，基部具1个宽阔的距；距向前方伸展，与唇瓣前部平行，顶端钝；柱头凹陷，宽大；蕊喙不明显；蕊柱宽阔，直立，顶端两侧各有1个臂状物，有短的蕊柱足；花药2室，顶端渐尖；花粉团粒粉质，4个，成2对，无明显的花粉团柄，直接附着于一个共同的黏盘上。

全属有4种，分布于日本、我国至印度北部、越南。我国产1种，福建也产。

宽距兰

Yoania japonica Maxim., Bull. Acad. Imp. Sci. Saint-Pétersbourg. 18: 68. 1872.

植株高10~30cm，茎直立，淡红白色，散生数枚鳞片状鞘，无绿叶。总状花序顶生，具3~7朵花；花苞片卵形或宽卵形，长约7mm；花梗连子房较花苞片长许多；花淡红紫色；萼片卵状长圆形或卵状椭圆形，长2.2~2.5cm，宽1~1.3cm，先端钝；花瓣宽卵形，长约2cm，宽约1.4cm；唇瓣凹陷成舟状，前部平展并呈卵形，具乳突；距宽阔，向前伸展，与唇瓣前部平行，长约7mm，粗约3.5mm，顶端钝；蕊柱宽而扁，长约1.2cm；蕊柱足短。花期6~7月。

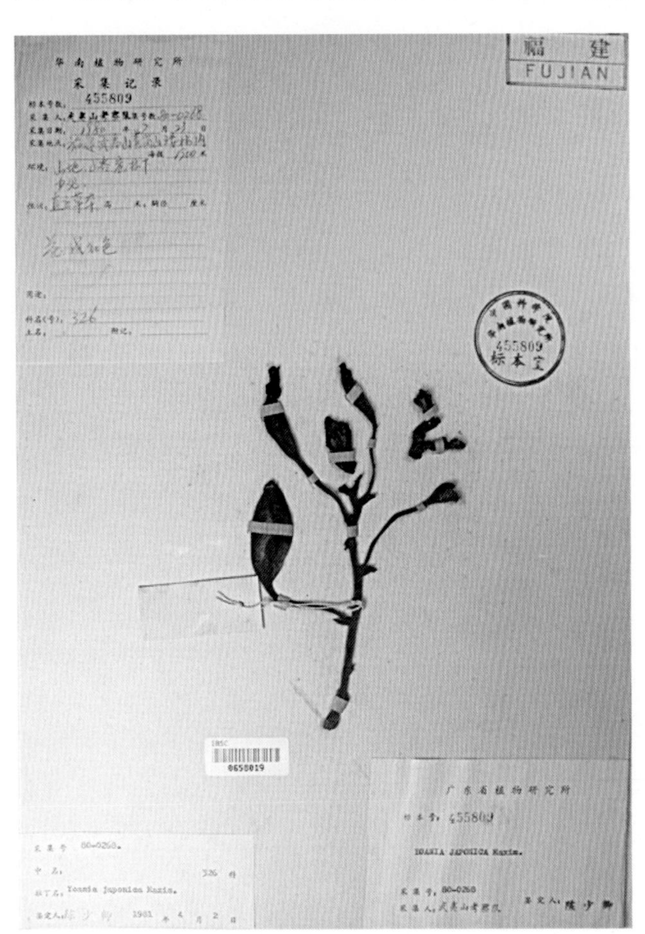

产于武夷山。生于林下，海拔1000~1900m。分布于江西、台湾。日本、印度也有。

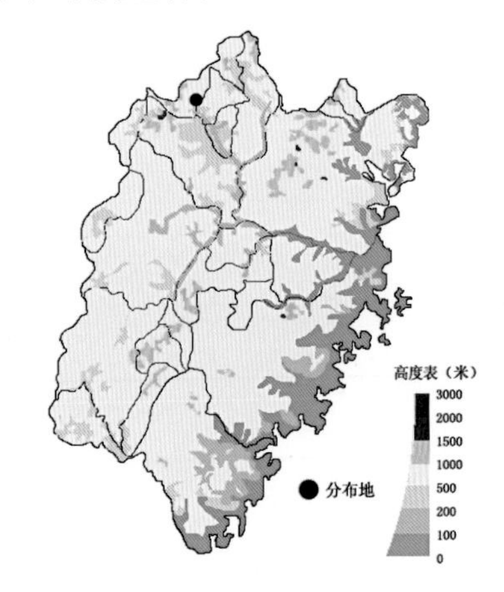

32.羊耳蒜属 *Liparis* Rich.

地生或附生草本。假鳞茎1至多节，密集或疏离，外面常被有膜质鞘。叶1至数枚，基生、茎生或生于假鳞茎顶端，具或不具关节。花序顶生，总状，具少数至多数花；花序柄两侧常具狭翅；萼片与花瓣离生；花瓣较萼片狭，线形至丝状；唇瓣不裂，稀3裂，有时在中部或下部缢缩，基部常具胼胝体，无距；蕊柱较长，上部两侧具翅，无蕊柱足；花粉团蜡质，4个，成2对，卵形，两侧压扁，每对有1个小黏盘。

本属约有320种，广泛分布于全球热带与亚热带地区，少数种类也见于北温带。我国有63种。福建有8种。

分种检索表

1.地生草本；叶草质，无明显可见的关节。
　2.假鳞茎圆柱形，具数节 ………………………………… 3.见血青 *L. nervosa*
　2.假鳞茎非圆柱形。
　　3. 唇瓣基部具1枚胼胝体 ………………………………… 1.福建羊耳蒜 *L. dunnii*
　　3. 唇瓣基部具2枚胼胝体。
　　　4. 叶宽2cm以上 ………………………………… 2.香花羊耳蒜 *L. odorata*
　　　4. 叶宽8~10mm ………………………………… 4.锈色羊耳蒜 *L. ferruginea*
1.附生草本；叶纸质或厚纸质，基部具明显可见的关节。
　6. 叶2枚；假鳞茎圆柱形 ………………………………… 8.长茎羊儿蒜 *L. viridiflora*
　6. 叶1枚；假鳞茎不为圆柱形。
　　7. 唇瓣基部具2枚胼胝体 ………………………… 5.镰翅羊儿蒜 *L. bootanensis*
　　7. 唇瓣不具或具1枚胼胝体。
　　　8. 唇瓣基部具1枚胼胝体 ………………… 7.广东羊耳蒜 *L. kwangtungensis*
　　　8. 唇瓣基部不具胼胝体 ………………………… 6.长苞羊耳蒜 *L. inaperta*

1.福建羊耳蒜

Liparis dunnii Rolfe, J. Linn. Soc. Bot. 38: 368. 1908.

地生草本，高可达35cm。假鳞茎聚生，卵圆形，小，包藏于白色膜质鞘之内。叶2枚，草质，卵状长圆形，长达13cm，宽约6cm，基部无关节。总状花序长15~18cm，具多数花；花淡紫色；花苞片卵形，长约2mm；萼片线状长圆形，长约1cm，宽约2.5mm，先端急尖；花瓣线形，长约1cm，较萼片狭；唇瓣呈圆的倒卵形，长约1cm，宽约8.5mm，边缘稍波状，基部具1枚胼胝体；蕊柱棒状，长约4mm。花期10月。

产于上杭、将乐、武夷山。生于林下水沟边或阴湿岩壁上，海拔600~1300m。

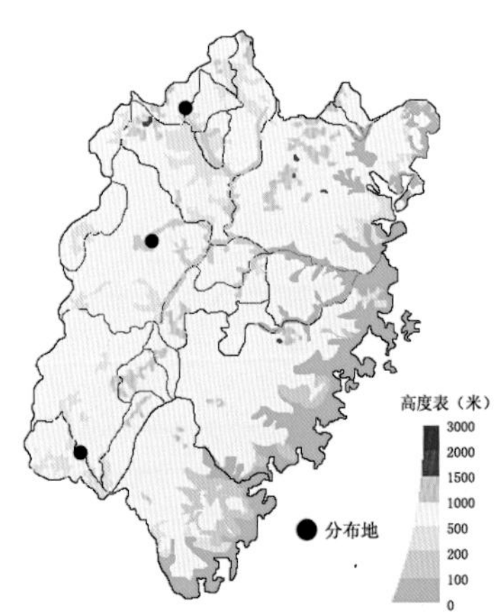

2. 香花羊耳蒜

Liparis odorata (Willd.) Lindl., Gen. Sp. Orchid. pl. 26. 1830.
—— *Malaxis odorata* Willd., Sp. Pl. 4: 91. 1805.

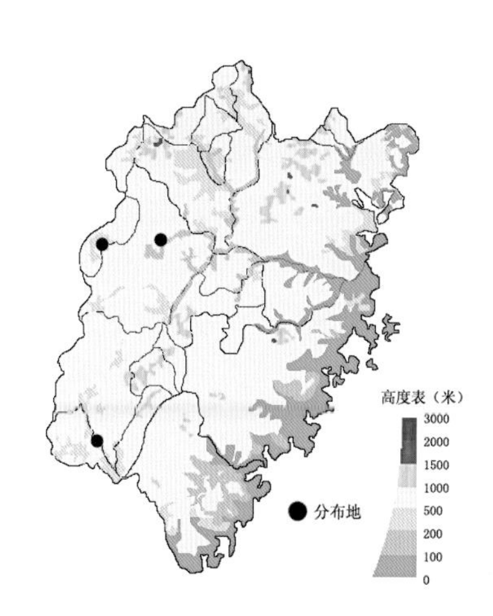

地生草本，高20~30cm。假鳞茎近卵形，长1.3~2.2cm，具节。叶2~3枚，草质，狭长圆形至卵状披针形，长6~12cm，宽2~4.3cm，基部无关节。总状花序长14~40cm，具数朵至10余朵花；花苞片披针形，长4~6mm；花黄绿色或淡绿褐色；中萼片线状长圆形，长约7mm，宽约1.5mm；侧萼片卵状长圆形，与中萼片近等长，稍宽；花瓣线形，与萼片近等长，宽约0.8mm；唇瓣倒卵状楔形，长约5.5mm，宽4mm，上部边缘有细齿，基部具2枚胼胝体；蕊柱长约4.5mm，两侧具狭翅。花期4~7月 。

产于上杭、将乐、建宁。生于林下，海拔约1000m。分布于广东、广西、贵州、海南、湖北、湖南、江西、四川、台湾、西藏、云南。不丹、印度、日本、老挝、缅甸、尼泊尔、泰国、越南、太平洋岛屿（关岛）也有。

3. 见血青

Liparis nervosa (Thunb.) Lindl., Gen. Sp. Orchid. Pl. 26. 1830.
— *Ophrys nervosa* Thunb., Syst. Veg., ed. 14, 814. 1784.

地生草本，高10~30cm。假鳞茎圆柱形，长可达8cm，具数节。叶2~4枚，草质，卵形至卵状椭圆形，边缘常波状，长5~15cm，宽2.5~6cm，基部无关节。总状花序长10~20cm，常具数朵至10余朵花，花序柄具狭翅；花小，紫色或黄绿色；中萼片线形或宽线形，长8~11mm，宽约1.5mm；侧萼片狭卵状长圆形，稍斜歪，长约7mm，宽约3mm；花瓣丝状，长约8mm，宽约1mm；唇瓣长圆状倒卵形，长约7mm，宽约4.5mm，基部具2枚胼胝体；蕊柱长约4.5mm，上部两侧有狭翅。花期4~7月。

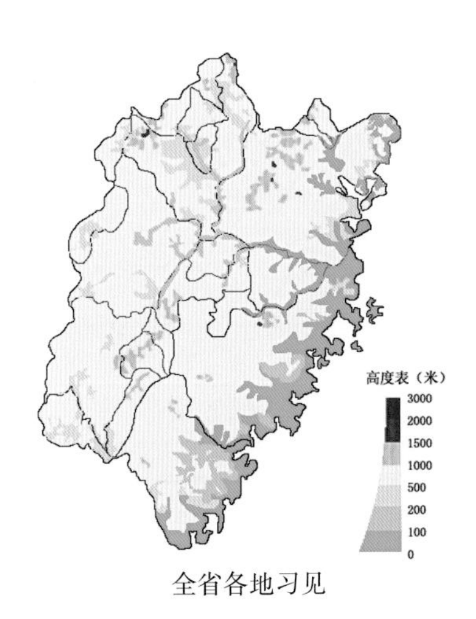

全省各地习见

全省各地习见。生于林下、毛竹林下或林下溪边岩壁上，海拔50m以上。分布于广东、广西、贵州、湖北、湖南、江西、四川、台湾、西藏、云南、浙江。广泛分布于全世界热带与亚热带地区。

见血青

4. 锈色羊耳蒜

Liparis ferruginea Lindl., Gard. Chron. 1848: 55. 1848.

地生草本，高20~55cm。假鳞茎狭卵形。叶3~6枚，草质，披针形，长13~33cm，宽8~10mm，先端急尖或短渐尖，近全缘，基部无关节。总状花序长35~55cm，具数朵至10余朵花；花苞片披针形，长2~6mm；花黄色；中萼片线形，长5~7mm，宽约1.5mm；侧萼片斜卵状长圆形，长4~6mm，宽约2.5mm；花瓣近线形或狭倒披针状线形，长约6mm，宽约1mm；唇瓣倒卵状长圆形，长4~5mm，宽约3mm，先端宽阔而呈截形，常有凹缺，凹缺中又具细尖，基部有一对向后方伸展的耳，近基部处具2枚胼胝体；蕊柱长3~4mm，上部两侧具狭翅。花期7月。

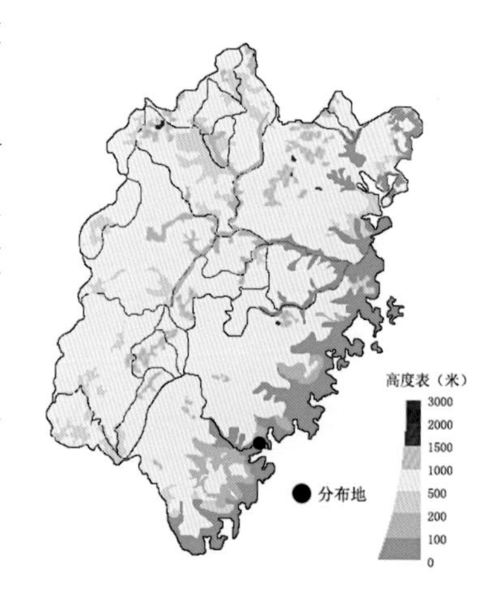

产于厦门。生于溪旁、水田或沼泽的浅水中。分布于海南、香港。柬埔寨、印度尼西亚、马来西亚、泰国、越南也有。

5. 镰翅羊耳蒜

Liparis bootanensis Griff., Not. Pl. Asiat. 3: 278. 1851.

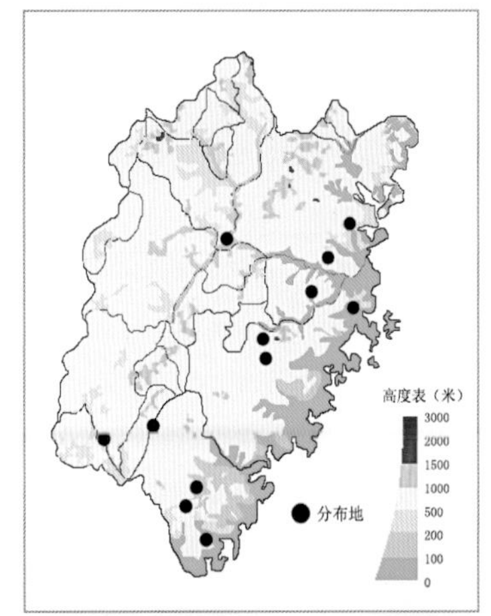

附生草本，高8~30cm。假鳞茎密生，卵状圆锥形，长1~1.8cm，顶生1枚叶。叶纸质，狭长圆形至倒披针形，长9~13cm，宽2.4~2.6cm，顶端急尖，基部收狭为柄，具关节。总状花序长7~24cm，具多数花；花序柄具翅，无毛；花黄绿色；中萼片狭长圆形，长约5mm，宽约1mm；侧萼片斜长圆形，与中萼片近等长，较宽；花瓣线形，与中萼片近等长，宽约1mm；唇瓣近宽长圆状倒卵形，长约6mm，基部具2枚胼胝体；蕊柱长约3.5mm，近顶端的翅下弯呈镰刀状。花期10~11月。

产于罗源、闽侯、永泰、福清、德化、永春、南靖、平和、云霄、龙岩、上杭、南平。生于溪边林下岩壁上或林中树干上，海拔200~1200m。分布于广东、广西、贵州、海南、湖南、江西、四川、台湾、西藏、云南。不丹、印度、印度尼西亚、日本、马来西亚、缅甸、菲律宾、泰国、越南也有。

6. 长苞羊耳蒜

Liparis inaperta Finet, Bull. Soc. Bot. France. 55: 341. 1908.

附生草本，较小，高4~8cm。假鳞茎稍密集，卵形，长4~7mm，顶生1枚叶。叶倒披针状长圆形至近长圆形，纸质，长2~7cm，宽6~13mm，先端渐尖，基部收狭成柄，具关节。花序柄具狭翅，下部无不育苞片；总状花序长4~8cm，具数朵花；花淡绿色；中萼片近长圆形，长约4.5mm，宽约1mm，先端钝；侧萼片近卵状长圆形，斜歪，较中萼片略短而宽；花瓣线形，镰状，与中萼片近等长，宽约0.6mm；唇瓣不裂，近长圆形，长约3mm，先端近截形并具不规则细齿，近中央具细尖，无胼胝体；蕊柱长约2.5mm，稍向前弯曲，上部具略呈钩状的翅。花期9~10月。

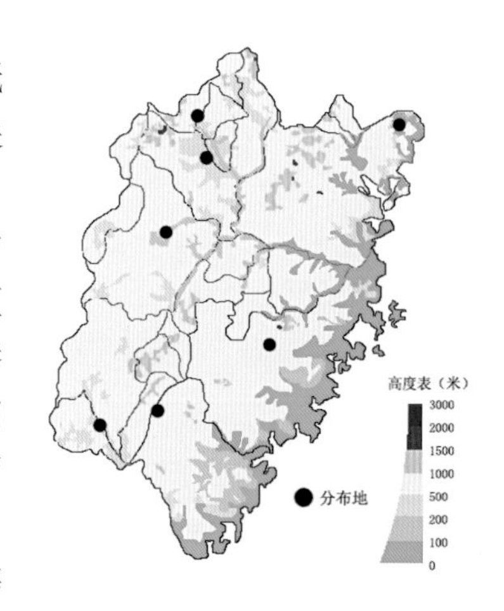

产于福鼎、德化、龙岩、上杭、将乐、建阳、武夷山等地。生于林下或山谷水旁的岩石上，海拔500~1200m。分布于广西、贵州、江西、四川、浙江。

7. 广东羊耳蒜

Liparis kwangtungensis Schltr., Repert. Spec. Nov. Regni Veg. 19: 379. 1924.

附生草本，较矮小。假鳞茎稍密集，近卵形或卵圆形，长5~7mm，顶生1枚叶。叶近椭圆形或长圆形，纸质，长2~7cm，宽0.6~1.3cm，先端渐尖，基部收狭成柄，具关节。花序柄具狭翅，下部无不育苞片；总状花序长3~5.5cm，具数朵花；花苞片狭披针形，长3~4mm，与子房连花梗的长度近等长；花绿黄色；萼片宽线形，长约4mm，宽约1mm，先端钝；侧萼片比中萼片略短而宽；花瓣狭线形，较中萼片略短，宽约0.5mm；唇瓣倒卵状长圆形，长约4mm，先端近截形并具不规则细齿，中央具短尖，基部具1枚胼胝体；蕊柱长约2.5mm，稍向前弯曲，上部具略呈钩状的翅。花期10月。

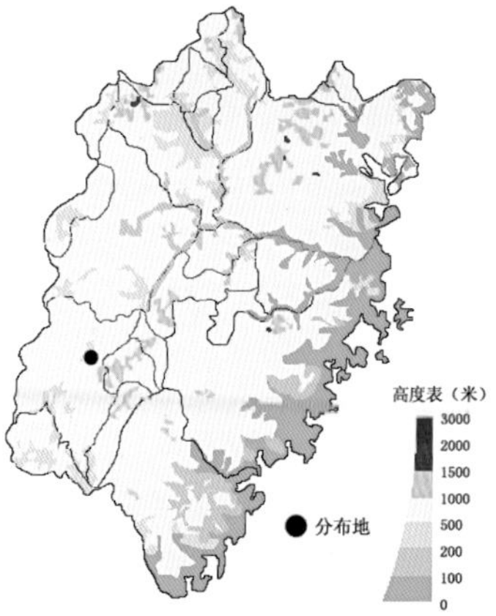

产于连城。生于林下或溪谷旁岩石上，海拔约1100m。分布于广东。

8. 长茎羊耳蒜

Liparis viridiflora (Bl.) Lindl., Gen. Sp. Orchid. Pl. 31. 1830.
— *Malaxis viridiflora* Bl., Bijdr. 392. 1825.

附生草本，高11~35cm。假鳞茎圆柱形，向上渐狭，长4~11.5cm，直径3.5~7mm，顶生2枚叶。叶狭倒披针形或狭长圆形，纸质，长8~13.5cm，宽2~2.3cm，基部收狭成柄，有关节。总状花序长14~30cm，密生数十朵花；花小，黄绿色；中萼片狭长圆形，长约2.5mm，宽约1mm；侧萼片与中萼片近等长，稍宽；花瓣线形，与萼片近等长，宽约0.3mm；唇瓣卵状长圆形，长2.5~3mm，无胼胝体；蕊柱先端具翅，基部略扩大。花期9~11月。

产于永泰、莆田、德化、厦门、南靖、平和、诏安。生于溪边林下岩石上或林中树干上，海拔200~500m。分布于广东、广西、海南、四川、台湾、西藏、云南。孟加拉国、不丹、柬埔寨、印度、印度尼西亚、老挝、马来西亚、缅甸、尼泊尔、菲律宾、斯里兰卡、泰国、越南和太平洋岛屿也有。

33.沼兰属 *Crepidium* Bl.

地生草本，稀附生，具多节的肉质茎或假鳞茎。叶2至数枚，膜质或草质，基部收狭为柄。总状花序顶生；花苞片宿存；花常不倒置，唇瓣位于上方；萼片离生，通常展开；花瓣常狭于萼片；唇瓣不裂至浅裂，基部凹陷；蕊柱短，不具蕊柱足，顶端在药床两侧各具1个臂状物；蕊喙先端常钝或圆形；花粉团蜡质，4个，成2对，棒状，无花粉团柄，偶见小黏盘。

本属约280种，分布于亚洲热带和亚热带地区以及大洋洲和印度洋岛屿，少数种类也见于亚洲温带地区。我国有17种。福建有1种。

浅裂沼兰

Crepidium acuminatum (D. Don) Szlach., Fragm.Florist. Geobot., Suppl. 3: 123. 1995.
—— *Malaxis acuminata* D. Don, Prodr. Fl. Nepal. :29. 1825.

地生或半附生草本，高达30cm或过之。肉质茎圆柱形，具数节，大部分为叶鞘所包藏。叶3~5枚，斜卵形、卵状长圆形或近椭圆形，长9~18cm，宽2~3.5cm，先端渐尖，基部收狭成柄；总状花序顶生，具多数花；花序柄无翅；花浅紫红色；中萼片狭长圆形或宽线形，长约4mm，宽约1mm，先端钝，两侧边缘外卷；侧萼片长圆形，长约3mm，宽约2mm，先端钝，边缘亦外卷；花瓣线形，与中萼片近等长，稍狭，边缘外卷；唇瓣位于上方，整个轮廓为卵形，长约6mm，宽约4mm，基部下延成耳状围抱蕊柱，先端2浅裂。花期7~8月。

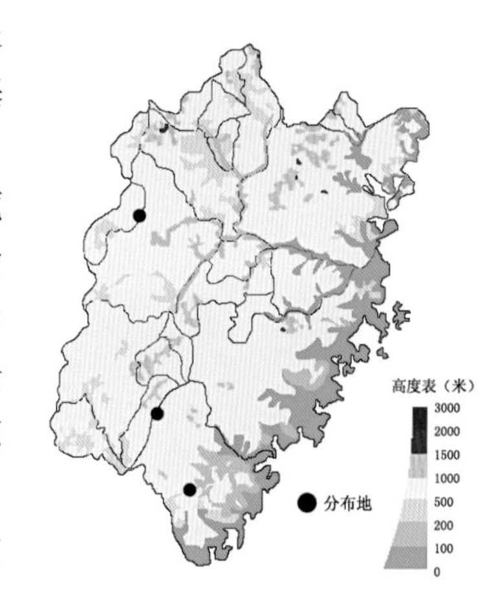

产于平和、龙岩、泰宁。生于林下、溪谷旁或阴蔽处的岩石上，海拔300~500m。分布于广东、贵州、台湾、西藏、云南。不丹、柬埔寨、印度、印度尼西亚、老挝、缅甸、尼泊尔、菲律宾、泰国、越南、澳大利亚也有。

34.无耳沼兰属 *Dienia* Lindl.

地生或罕为附生草本。茎肉质，圆筒状，常增粗而成卵形或圆锥形假鳞茎，包藏于叶鞘之内。叶2至多枚，质地薄，基部收狭成鞘状柄。总状花序顶生，具多数花；花倒置或不倒置，棕色、黄色、粉红色或紫色；萼片离生，通常展开；花瓣常狭于萼片；唇瓣不裂或3裂，基部常凹陷，先端全缘或具锯齿，无距也无胼胝体；蕊柱短，无蕊柱足；花粉团蜡质，4个，成2对，棒状，无附属物。

本属约19种，分布于亚洲热带与亚热带地区，也见于澳大利亚。我国有2种。福建有1种。

无耳沼兰

Dienia ophrydis (J. Koenig) Ormerod & Seidenf., Contr. Orchid Fl. Thailand 13: 18. 1997.
—— *Epidendrum ophrydis* J. Koenig, Observ. Bot. 6: 46. 1791.
—— *Malaxis latifolia* Sm., Cycl. 22: 3. 1812.

植株高15~60cm。茎圆柱形，长5~15cm，具4~5枚叶。叶椭圆形、卵形或披针形，长6~15cm，宽2.5~7cm，基部收狭成柄；叶柄鞘状，抱茎。总状花序长5~15cm，密生多数花；花序柄具很狭的翅；花小，紫红色至黄绿色；中萼片长圆形，长约3mm，宽约1mm；侧萼片与中萼片相似；花瓣线形，与萼片近等长，宽约0.5mm；唇瓣卵形，舟状，长约2.5mm，先端收狭或浅3裂；中裂片狭长圆形；侧裂片很短或不甚明显。花期7~8月。

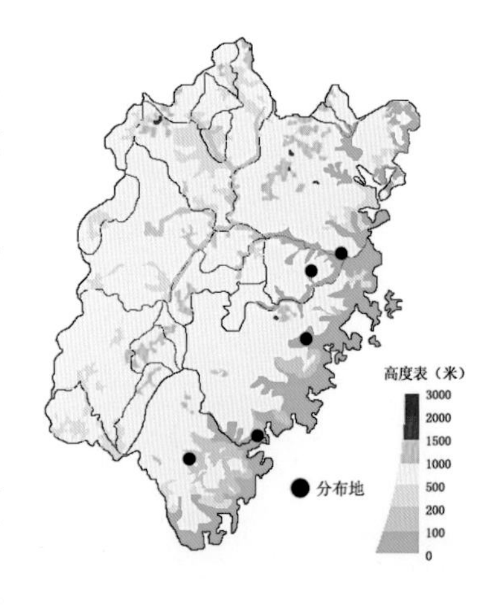

产于福州、永泰、仙游、厦门、南靖。生于林下，海拔400~900m。分布于广东、广西、海南、台湾、云南。不丹、柬埔寨、印度、印度尼西亚、日本、老挝、马来西亚、缅甸、巴布亚新几内亚、菲律宾、斯里兰卡、泰国、越南、澳大利亚也有。

35.小沼兰属 *Oberonioides* Szlach.

地生或石生附生草本。假鳞茎肉质，卵形。叶1枚，稍肉质，具柄，基部无关节。总状花序顶生，具多花；花序柄圆柱形，纤细；花小，倒置，唇瓣位于下方；萼片离生，近相似；花瓣线形，具1脉；唇瓣，3裂；侧裂片线形或三角形，围抱蕊柱；蕊柱短，无蕊柱足；花粉团蜡质，4个，成2对，无黏盘。

本属有2种，分布于我国和泰国。我国有1种，也产福建。

小沼兰

Oberonioides microtatantha (Schltr.) Szlach. Fragm. Florist. Geobot., Suppl. 3: 135. 1995.
—— *Microstylis microtatantha* Schltr., Repert. Spec. Nov. Regni Veg. Beih. 4: 192. 1919.
—— *Malaxis microtatantha* (Schltr.) Tang & F. T. Wang., Acta Phytotax. Sin. 1: 73 1951.

植株高3~5cm。假鳞茎小，近球形，直径2~6mm，顶生叶1枚。叶卵形或近圆形，长1~2cm，宽5~17mm，具短柄。总状花序具10余朵花；花序柄两侧具很狭的翅；花小，黄绿色；中萼片长圆形，长1~1.2mm，宽约0.7mm；侧萼片与中萼片近等大；花瓣线形或线状披针形，较萼片稍短而狭；唇瓣3裂，长约1mm；中裂片卵状三角形；侧裂片线形；蕊柱粗短。花期4月。

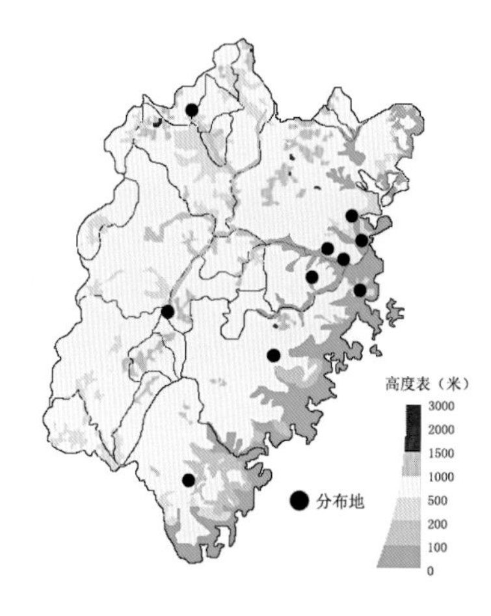

产于罗源、连江、闽侯、福州、福清、永泰、永春、南靖、永安、武夷山。生于溪边林下阴湿的岩壁上，海拔200~600m。分布于江西、台湾。

36. 鸢尾兰属 *Oberonia* Lindl.

附生草本，常丛生。茎短或稍长，常包藏于叶基之内。叶2列，近基生或紧密地着生于茎上，两侧压扁，稍肉质，近基部常稍扩大成鞘而彼此套叠，基部具或不具关节。总状花序顶生，常密生多数花；花苞片小，边缘常具齿；花小，直径仅1~2mm，常排列成轮，不倒置，唇瓣位于上方；萼片离生，相似，常反折；花瓣常较萼片狭，边缘有时啮蚀状；唇瓣通常3裂，少有不裂或4裂，边缘有时呈啮蚀状或有流苏；侧裂片常围抱蕊柱；蕊柱短，无蕊柱足，近顶端常具翅；花粉团蜡质，4个，黏合成不等大的2对，无附属物。

全属有150~200种，主要分布于热带亚洲，也见于热带非洲至马达加斯加、澳大利亚和太平洋岛屿。我国有28种，产南部诸地。福建有3种。

分种检索表

1. 唇瓣中裂片先端2深裂成叉状 ………………………… 3. 小花鸢尾兰 *O. mannii*
1. 唇瓣中裂片微凹。
   2. 萼片比花瓣宽 ………………………………………1. 小叶鸢尾兰 *O. japonica*
   2. 萼片与花瓣等宽 …………………………………… 2. 无齿鸢尾兰 *O. delicata*

1. 小叶鸢尾兰

Oberonia japonica (Maxim.) Makino, Ill. Fl. Japan. 1(7): t. 41. 1891.
—— *Malaxis japonica* Maxim., Bull. Acad. Imp. Sci.Saint-Pétersbourg 22: 257. 1877.

茎长1~2cm。叶数枚，线状披针形，稍镰刀状，长1~2.5cm，宽约2.5mm，先端尖，基部无关节。总状花序长2~8cm，密生多数小花；花苞片卵状披针形；花梗连子房常略长于花苞片；花小，直径不到1mm，黄绿色至橘红色；萼片宽卵形，长约0.5mm，宽约0.4mm；侧萼片常较中萼片大；花瓣近长圆形，与萼片近等长而较狭，先端钝；唇瓣长圆状卵形，长0.6~0.8mm，3裂；中裂片椭圆形或近圆形，先端微凹或中央偶具1小齿；侧裂片卵状三角形，斜展。花期4~9月。

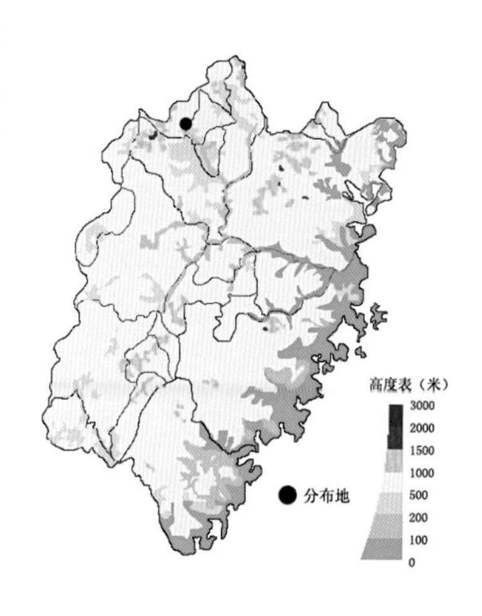

产于武夷山。生于林中树上或岩石上，海拔约700m。分布于台湾。日本和朝鲜半岛也有。

2. 无齿鸢尾兰

Oberonia delicata Z. H. Tsi & S. C. Chen, Acta Phytotax. Sin. 32: 559. 1994.

茎长1~2cm。叶5~6枚，剑形，长0.8~2cm，宽约3.5mm，先端急尖，边缘多少波状，基部无关节。总状花序长4~10cm，密生多数花；花苞片披针形；花梗连子房短于花苞片；花淡红色；中萼片卵状椭圆形，长约0.9mm，宽约0.7mm；侧萼片较中萼片长而宽；花瓣卵形或长圆状卵形，长约0.9mm，宽约0.7mm，先端钝，全缘，具多脉；唇瓣长0.9~1mm，3裂；中裂片倒卵形或宽倒卵形，宽约0.9mm，先端微凹或有时凹缺中有细尖；侧裂片近狭卵状披针形，先端尖；蕊柱短，上部稍扩大。花期8月。

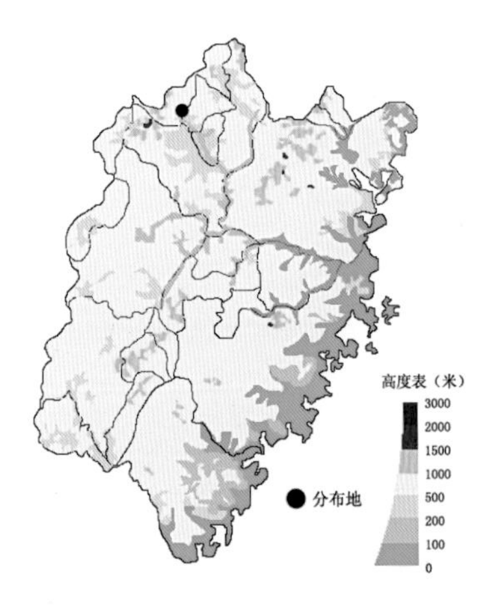

产于武夷山。生于林中树干上。分布于云南。

3. 小花鸢尾兰

Oberonia mannii Hook. f., Hooker's Icon. Pl. 21: ad t. 2003. 1890.

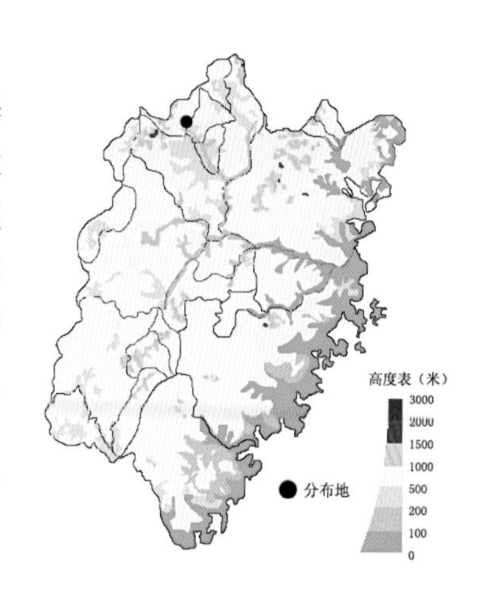

茎长1.5~7cm。叶5~9枚，线形，多少镰曲，长1~3cm，宽约1.5mm，先端渐尖，下部内侧有较宽的干膜质边缘，基部无关节。总状花序长2~5.5cm，具数十朵花；花苞片卵状披针形，先端长渐尖，边缘略有钝齿；花梗连子房略长于花苞片；花绿黄色或浅黄色，直径约1mm；中萼片卵形，长约0.8mm，宽约0.4mm，先端钝；侧萼片较中萼片略宽；花瓣近长圆形，较长于萼片，宽约0.3mm，边缘多少呈不甚明显的啮蚀状；唇瓣近长圆形，3裂；中裂片先端深裂成叉状，小裂片披针形或狭披针形，长约0.8mm；侧裂片卵形，长约0.3mm，先端钝；蕊柱粗短。花果期3~6月。

产于武夷山。生于林中树干上。分布于西藏、云南。印度也有。

37.山兰属 *Oreorchis* Lindl.

地生草本，地下具球茎状假鳞茎，常以短的根状茎相连接。假鳞茎球形或卵形，具节，顶生1~2枚叶。叶线形至矩圆状披针形，基部收狭为柄。总状花序从假鳞茎的节上发出，直立，具多朵花；萼片相似，离生；花瓣稍短；唇瓣3裂，基部具爪，无距；蕊柱稍长，稍向前弯曲，基部有时扩大，但无明显的蕊柱足；花粉团蜡质，4个，近球形，具1个共同的黏盘柄和球形黏盘。

本属约16种，分布于喜马拉雅地区至日本和俄罗斯（西伯利亚）。我国有11种。福建有1种。

长叶山兰 *Oreorchis fargesii* Finet, Bull. Soc. Bot. France 43: 697. 1896.

植株高20~40cm。假鳞茎椭圆形至近球形，长1~2.5cm，直径1~1.5cm，具2~3节。叶2枚，线状披针形，长20~35cm，宽0.6~1.7cm，纸质，先端渐尖，基部收狭成柄，具关节，关节下方由叶柄套迭成茎状。总状花序长2~6cm，具10余朵或更多花；花白色，唇瓣上有黄褐色褶片状胼胝体和紫色斑点；萼片长圆状披针形，长约9mm，宽约2.5mm，先端渐尖；侧萼片镰状披针形，较中萼片稍宽；花瓣斜卵状披针形，长约9mm，宽约3mm；唇瓣长圆状倒卵形，长7.5~9mm，近基部3裂，基部具爪；中裂片卵状菱形，长约6mm，宽约3mm，前部边缘多少皱波状，先端有不规则缺刻，下半部边缘多少具细缘毛，较少近无毛；侧裂片线形，长约2.5mm，宽约0.5mm，边缘多少具细缘毛；唇盘上在两枚侧裂片之间具1条有槽的短褶片状胼胝体；蕊柱长约3mm，基部稍扩大。花期4~5月。

产于武夷山。生于林下或沟谷旁，海拔700~1000m。分布于甘肃、湖北、湖南、陕西、四川、台湾、云南、浙江。

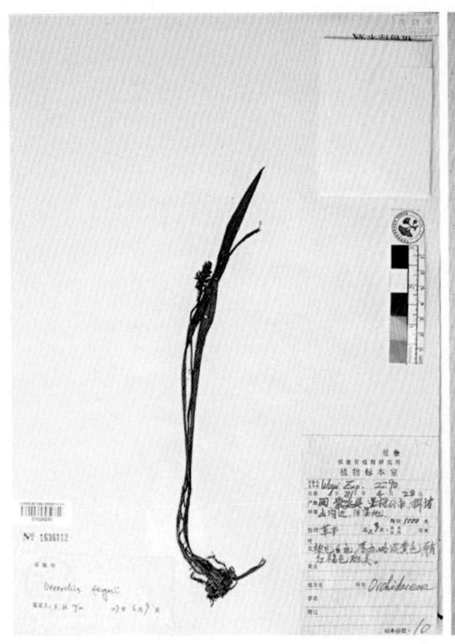

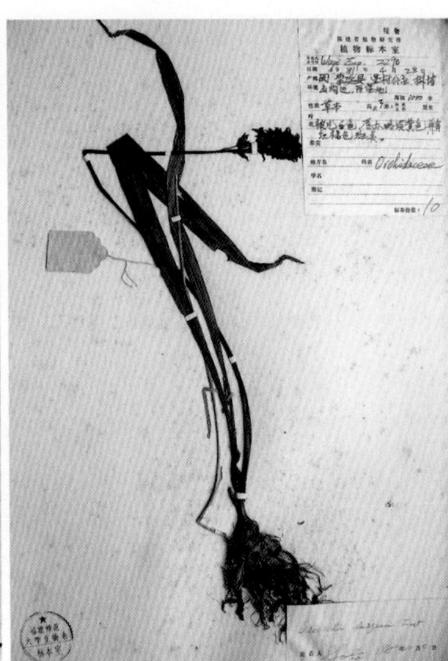

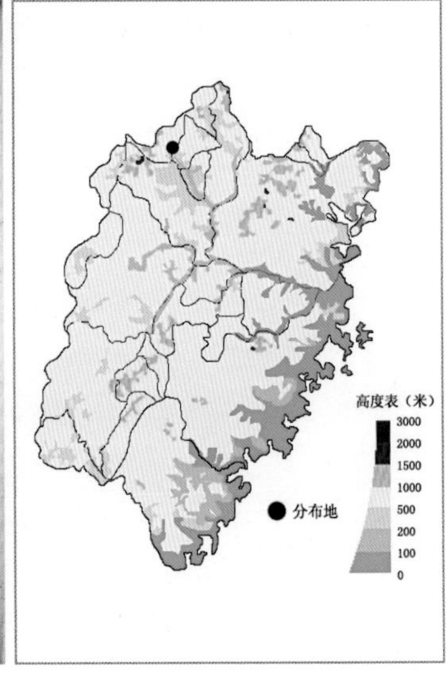

38. 美冠兰属　*Eulophia* R. Br.

地生草本，自养或偶见无绿叶的菌根营养植物。假鳞茎球茎状、块茎状或根状茎状，位于地下或地上，通常具数节。叶数枚，基生，具长柄，叶柄常互相套叠成茎状，在与真菌共生的种类中退化为鳞片。花葶侧生，直立；总状花序，或偶见圆锥花序疏生多数花；萼片离生，相似，侧萼片常稍斜歪；花瓣较萼片短而宽；唇瓣通常3裂，唇盘上常具褶片、龙骨状脊或其他附属物，基部常有距或囊；蕊柱短，具或较少不具蕊柱足；花药顶生，2室，药帽上常有2个暗色凸起；花粉团蜡质，2个，每个具裂隙，以1个短的共同黏盘柄附着于1个共同的黏盘上。

本属约200种，分布于非洲与亚洲的热带与亚热带地区以及澳大利亚和太平洋岛屿。我国有13种。福建有1种。

无叶美冠兰

Eulophia zollingeri (Rchb. f.) J. J. Sm., Orch. Java. 228. 1905.
— *Cyrtopera zollingeri* Rchb. f., Bonplandia 5: 38. 1857.

全菌根营养草本，无绿叶。假鳞茎块状，近长圆形，长达10cm，直径约4cm，具多节。花葶侧生，褐红色，高40~60cm，具多枚鞘；总状花序长4~13cm，疏生数朵至10余朵花；花苞片狭披针形，长约2.5cm；花褐黄色；中萼片椭圆状长圆形，长约1.7cm，宽约7mm；侧萼片近长圆形，长约2cm，稍斜歪；花瓣倒卵形，长约1.2cm，宽约6mm，先端具短尖；唇瓣近倒卵形或长圆状倒卵形，生于蕊柱足上，3裂唇盘上具乳突状腺毛及2条近半圆形的褶片，基部具长约2mm的囊状距；中裂片卵形，长约5mm，宽约4mm，密生乳突状腺毛；侧裂片近卵形或长圆形，多少围抱蕊柱；蕊柱长约5mm，具长4mm的蕊柱足。花期5~6月。

产于福州、永泰、平和、永定、顺昌。生于疏林下或草坡上，海拔800m以下。分布于广东、广西、江西、台湾、云南。印度、印度尼西亚、琉球群岛、马来西亚、巴布亚新几内亚、斯里兰卡、菲律宾、泰国、越南、澳大利亚也有。

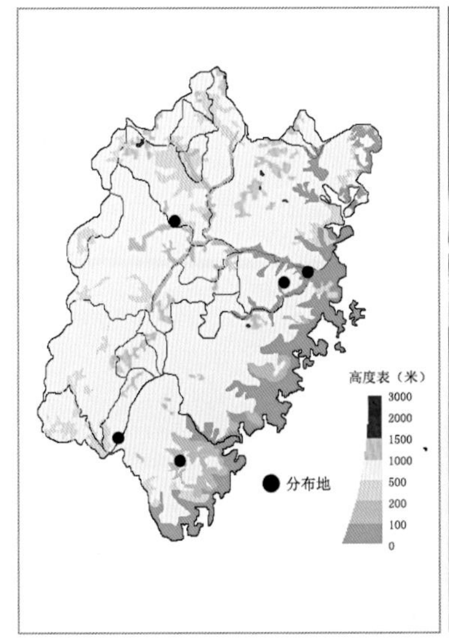

39.兰属 *Cymbidium* Sw.

地生或附生草本，自养或偶为无绿叶的菌根营养植物。假鳞茎通常存在，多卵圆形至椭圆形，较少为圆柱形或不存在，一般包藏在叶基之内。叶数枚，或多枚，大多近基生，常带形，极少宽阔而具柄，通常革质。花葶常从假鳞茎基部或叶腋中发出；总状花序具数朵花至多数花，稀单花；花中等大或大，具香气或无；萼片与花瓣离生；唇瓣3裂，无距，唇盘上常具2条纵褶片；蕊柱较长，稍向前弯曲，两侧有翅，无蕊柱足；花粉团蜡质，或2个而具深裂隙，或4个而形成2对，以很短的、不甚明显的花粉团柄连接于一个共同的黏盘上。

本属有77种，分布亚洲热带和亚热带地区，向南可至澳大利亚。我国有50种，广泛分布于秦岭以南各地。福建有9种。

分种检索表

1. 叶冬季凋落，春季生出 …………………………………… 5.落叶兰 *C. defoliatum*
1. 叶常绿，不为上述情形。
  2. 附生草本；花粉团2个，具深裂隙。
    3. 花序下弯或俯垂，疏生花8~12朵；萼片与花瓣白色带栗色纵条纹 ……… ……………………………………………………… 1.冬凤兰 *C. dayanum*
    3. 花序斜出或稍外弯，密生15~50朵或更多的花；萼片与花瓣红褐色 ……… ……………………………………………………… 2.多花兰 *C. floribundum*
  2. 地生草本；花粉团4个，成2对。
    4. 叶椭圆状倒披针形，长度不超过宽度的10倍 …… 9.兔耳兰 *C. lancifolium*
    4. 叶带形，长度明显超过宽度10倍。
      5. 花序具单花，罕有2花 ………………………………… 8.春兰 *C. goeringii*
      5. 花序具多于2朵的花。
        6. 假鳞茎不明显；叶基部不具关节，叶脉半透明 ……7.蕙兰 *C. Faberi*
        6. 假鳞茎明显，小或大；叶基部具关节，叶脉不透明。
          7. 花苞片长度明显超过花梗连子房长度的一半 ……6.寒兰 *C. kanran*
          7. 花苞片除最下面的一枚较长外，其余均远不及花梗连子房长度的一半。
            8. 叶宽2cm以下；花葶低于叶面 …………… 3.建兰 *C. ensifolium*
            8. 叶宽2cm以上；花葶高于叶面 ……………… 4.墨兰 *C. sinense*

1. 冬凤兰

Cymbidium dayanum Rchb. f., Gard. Chron. 1869: 710. 1869.

附生草本。假鳞茎近梭形，两侧稍压扁，长2~5cm，粗1.5~2.5cm。叶4~8枚，带形，坚纸质，长30~80cm，宽1~1.5cm，先端渐尖，具关节。花葶长20~30cm，下弯或俯垂；总状花序具8~12朵花；花无香气；萼片与花瓣白色，中央具1条栗色纵条纹；萼片狭长圆状椭圆形，长约3cm，宽约7mm；花瓣狭卵状长圆形，较萼片稍短而略狭；唇瓣长1.7~2.3cm，3裂，除基部和中裂片中央部分为白色外，其余均为栗红色；花粉团2个，有裂隙。花期9~12月。

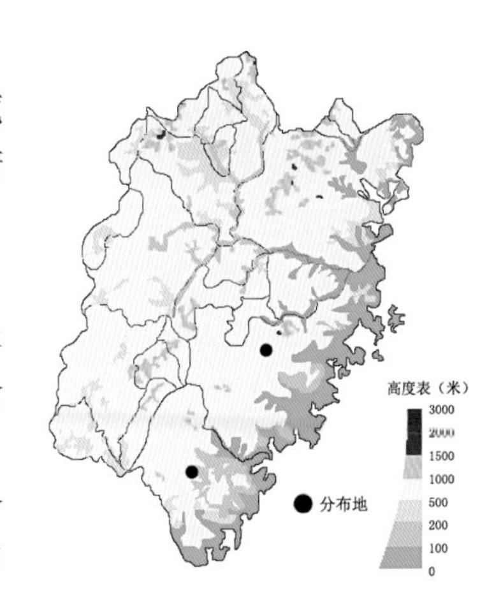

产于德化、南靖。生于林中树干上，海拔约600m。分布于广东、广西、海南、台湾、云南。不丹、柬埔寨、印度、印度尼西亚、日本、老挝、马来西亚、缅甸、菲律宾、泰国、越南也有。

2. 多花兰

Cymbidium floribundum Lindl. , Gen. Sp. Orchid. Pl. 162. 1833. — *C. floribundum* Lindl. var. *pumilum* (Rolfe) Y. S. Wu & S. C. Chen., Sin. 18: 301. 1980.

附生草本。假鳞茎卵球形，长2.5~3cm，粗2~3cm，包藏于叶茎内。叶3~6枚，直立性强，带形，质地较硬，长30~50cm，宽1~2cm，基部具关节。花葶斜出或稍外弯，长16~28cm；总状花序具15~50朵至更多花；花直径约3.5cm，无香气；萼片与花瓣红褐色或偶见浅黄绿色；萼片长圆状披针形，长约2cm，宽约5mm；花瓣长椭圆形，较萼片稍短；唇瓣长1.6~1.8cm，3裂，白色而有紫红色斑，基部黄色；花粉团2个，具深裂隙。花期4~6月。

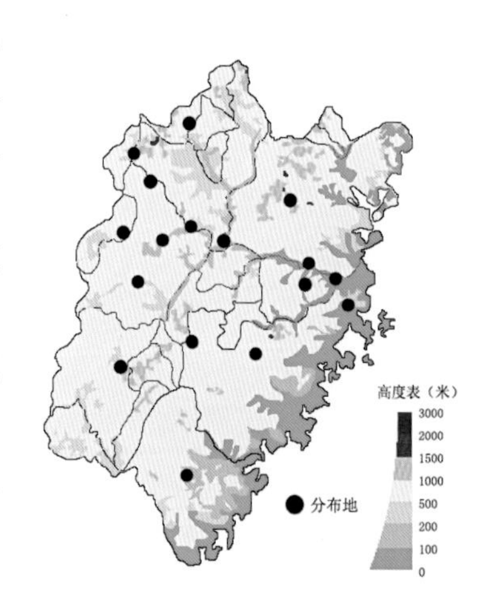

产于屏南、闽清、闽侯、福州、永泰、德化、南靖、连城、大田、清流、将乐、泰宁、南平、顺昌、邵武、光泽、武夷山。生于林中树干上或林缘岩石上，海拔200~1000m。分布于广东、广西、贵州、湖北、湖南、江西、四川、台湾、西藏、云南、浙江。越南也有。

3. 建兰

Cymbidium ensifolium (L.) Sw., Nova Acta Regiae Soc. Sci. Upsal., ser. 2. 6: 77. 1799.
— *Epidendrum ensifolium* L., Sp. Pl. 2: 954. 1753.

地生草本。假鳞茎卵球形，长1~1.8cm，宽0.8~1.8cm，包藏于叶茎内。叶2~5枚，带形，长20~50cm，宽0.7~1.6cm，基部具关节。花葶低于叶面，长20~40cm；总状花序具4~10朵或更多花；花苞片除最下面的1枚较长外，其余的均不及花梗连子房长度的一半；花色泽变化较大，具香气，直径约5cm；萼片狭长圆形，长约2.5cm，宽5~8mm；花瓣较萼片短而宽；唇瓣长1.5~2.3mm，不明显3裂，唇盘上具2条褶片；花粉团4个，成2对。花期7~10月。

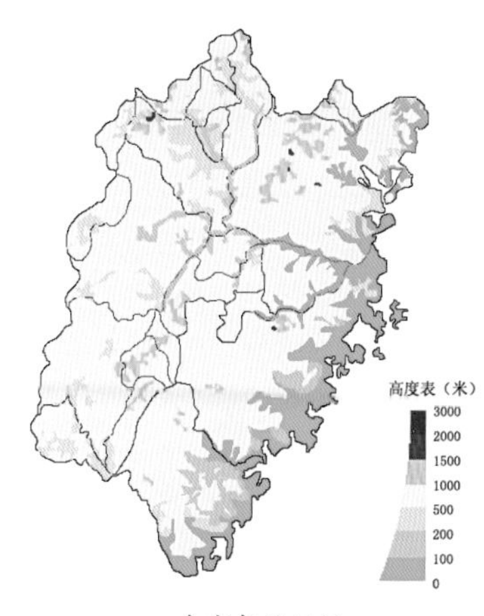

全省各地习见

全省各地习见。生于林下或溪边山坡碎石缝中，海拔900m以下。分布于安徽、广东、广西、贵州、海南、湖北、湖南、江西、四川、台湾、西藏、云南、浙江。柬埔寨、印度、印度尼西亚、日本、老挝、马来西亚、巴布亚新几内亚、菲律宾、斯里兰卡、泰国、越南也有。

4. 墨兰

Cymbidium sinense (Jacks. ex Andr.) Willd., Sp. Pl. 4, 111. 1805.
— *Epidendrum sinense* Jacks. ex Andr., Bot. Repos. 3: t. 216. 1802.

地生草本。假鳞茎卵球形，长2.5~6cm，粗1.5~2.5cm，包藏于叶茎内。叶3~5枚，带形，长45~80cm，宽2~3cm，基部具关节。花葶高于叶面，长50~90cm；总状花序具10余朵或更多花；花苞片除花序最下面一枚较长外，其余的长均不及花梗连子房长度的一半；花常为暗紫色或紫褐色，直径约6cm，具香气；萼片狭椭圆形，长约3cm，宽约6mm；花瓣近狭卵形，较萼片短而宽；唇瓣近卵状长圆形，长1.7~2.5cm，不明显3裂，唇盘上具2条纵褶片；花粉团4个，成2对。花期12月至翌年2月。

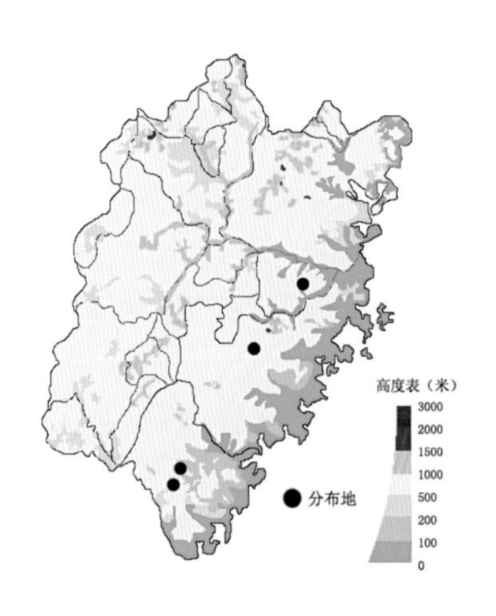

产于永泰、德化、南靖、平和。生于林下，海拔400~800m。分布于安徽、广东、广西、贵州、海南、江西、四川、台湾、云南。印度、日本、缅甸、泰国、越南也有。

墨兰

5. 落叶兰

Cymbidium defoliatum Y. S. Wu & S. C. Chen, Acta Phytotax. Sin. 29: 549. 1991.

地生草本；假鳞茎小，常数个排成1列，仅末端1个或罕有2个在生长季节具叶。叶2~4枚，带状，长25~40cm，宽0.5~1cm，下部有关节，冬季凋落，春季长出。花葶直立，长20~40cm；总状花序具2~4朵花；花小，有香气，色泽变化较大；萼片近狭长圆形，长1.2~2cm，宽3~6mm；花瓣近狭卵形，较萼片短而略狭；唇瓣长1~1.2cm，不明显3裂，近中裂片基部处具2条纵褶片。花粉团4个，成2对。花期6~8月。

产于武夷山。分布于贵州、四川、云南。

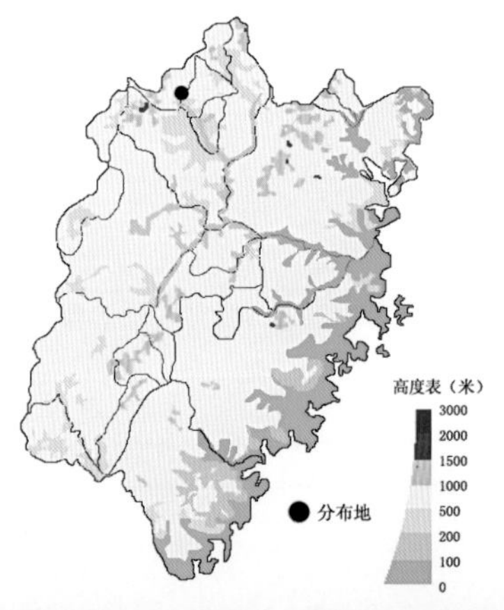

6. 寒兰

Cymbidium kanran Makino, Bot. Mag. Tokyo 16: 10. 1902.

地生草本。假鳞茎卵球形或长圆形，长1.6~3.8cm，宽1~1.8cm。叶 3~5枚，带形，长20~68cm，宽8~18mm，先端边缘常具细齿，基部具关节。花葶直立，长25~100cm；总状花序疏生3朵至10余朵花；花苞片长1.5~2.6cm，明显超过花梗连子房长度的一半；花常为淡黄绿色，直径6~8cm，具香气；萼片线状披针形，长约4cm，宽约5mm，先端渐尖；花瓣较萼片短而宽；唇瓣2~3cm，不明显的3裂，唇盘上具2条纵褶片；花粉团4个，成2对。花期10~12月。

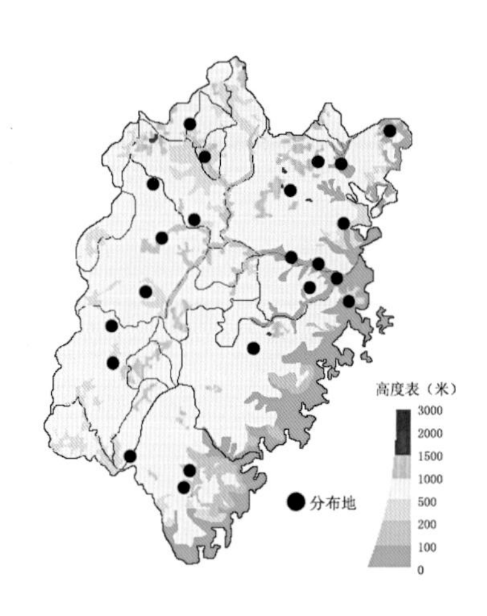

产于福鼎、福安、周宁、屏南、罗源、福州、闽侯、闽清、永泰、福清、德化、南靖、平和、永定、连城、清流、明溪、将乐、顺昌、建阳、邵武、武夷山。生于林下或溪谷边阴湿处，海拔300~1200m。分布于安徽、广东、广西、贵州、海南、湖南、江西、四川、台湾、西藏、云南、浙江。日本、朝鲜半岛也有。

7. 蕙兰

Cymbidium faberi Rolfe, Bull. Misc. Inform. Kew. 1896: 198. 1896.

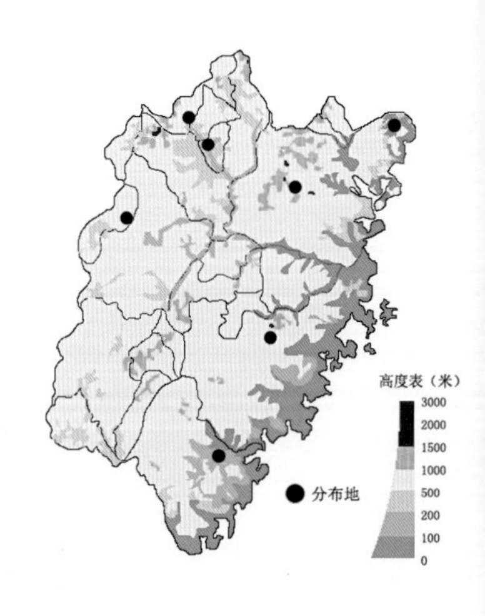

地生草本。假鳞茎不明显。叶5~9枚，带形，具半透明叶脉，边缘有粗锯齿，基部不具关节。花葶直立或稍弯曲，长35~50（~60）cm；总状花序具5~11朵或更多花；花淡黄绿色，直径约6cm，具香气；萼片长圆状披针形，长2.5~3cm，宽5~8mm；花瓣与萼片相似，略短而稍宽；唇瓣长1.7~2.5cm，不明显3裂，唇盘上具2条纵褶片，中裂片上具乳突，边缘皱波状；花粉团4个，成2对。花期3~5月。

产于福鼎、屏南、德化、漳州、泰宁、建阳、武夷山。生于林下，海拔500m以上。分布于安徽、甘肃、广东、广西、贵州、河南、湖北、湖南、江西、陕西、四川、台湾、西藏、云南、浙江。印度、尼泊尔也有。

8. 春兰

Cymbidium goeringii (Rchb. f.) Rchb. f., Ann. Bot. Syst. 3: 547. 1852.
— *Maxillaria goeringii* Rchb. f., Bot. Zeitung (Berlin) 3: 334. 1845.

地生草本。假鳞茎较小，卵球形，长0.8~1.5cm，宽0.7~1.5cm，包藏叶基内。叶3~6枚，带形，长20~35cm，宽4~8mm，边缘具细齿，基部有关节。花葶直立，长2~5cm，明显短于叶；花序具单朵花，稀2花；花淡黄绿色，直径5~7cm，具香气；萼片近长圆形，长3~4cm，宽约7mm；花瓣卵状披针形，与萼片近等宽，较短；唇瓣长1.4~1.8cm，不明显3裂，唇盘具2条纵褶片；花粉团4个，成2对。花期1~3月。

产于福鼎、周宁、福安、屏南、古田、闽清、闽侯、福州、永泰、德化、安溪、南靖、永定、泰宁、将乐、南平、顺昌、武夷山。生于林下或溪谷边阴湿处，海拔300m以上。分布于安徽、甘肃、广东、广西、贵州、河南、湖北、湖南、江苏、江西、陕西、四川、台湾、云南、浙江。不丹、印度、日本、朝鲜半岛也有。

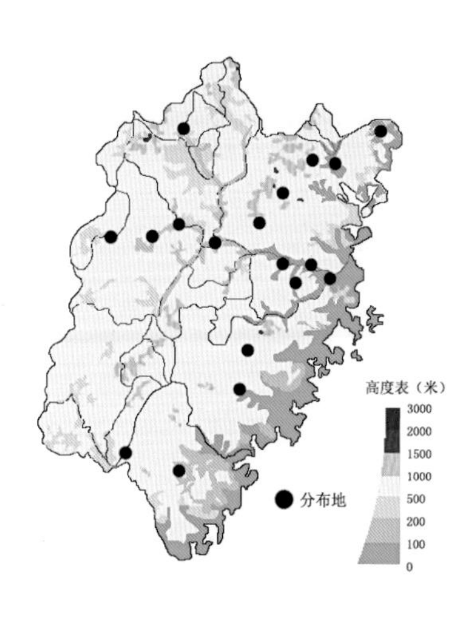

9. 兔耳兰

Cymbidium lancifolium Hook., Exot. Fl. 1: ad t. 51. 1823.

地生或石上附生草本。假鳞茎圆柱形，稍两侧压扁，长5~10cm，直径约1cm，具节，多少裸露。叶2~3枚，倒披针形或狭椭圆形，长6~20cm，宽2.5~4cm，基部具明显叶柄，有关节。总状花序侧生，直立，长10~30cm，具2~6朵花；花常白色至淡绿色，直径约4.5cm；萼片倒披针状长圆形，长约2.5cm，宽约4mm；花瓣具紫红色中脉，较萼片短而宽；唇瓣长1.5~2cm，不明显3裂，唇盘上具2条纵褶片；花粉团4个，成2对。花期5~7月。

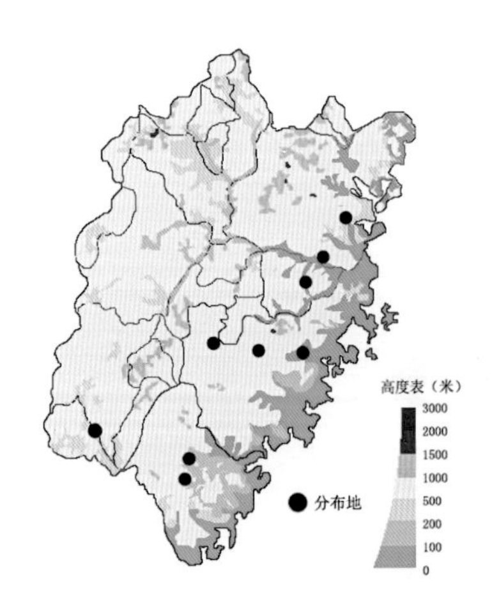

产于罗源、闽侯、永泰、仙游、德化、南靖、平和、上杭、大田。生于林下或溪边林下岩壁上，海拔300~800m。分布于广东、广西、贵州、海南、湖南、四川、台湾、西藏、云南、浙江。不丹、柬埔寨、印度、印度尼西亚、日本、老挝、马来西亚、缅甸、尼泊尔、巴布亚新几内亚、泰国、越南也有。

40. 带唇兰属 *Tainia* Bl.

地生草本，地下具根状茎。假鳞茎直立，卵球形、圆柱形或狭卵状圆柱形，顶生1枚叶。叶通常具折扇状脉，有长柄，较少例外。花葶侧生于假鳞茎基部；总状花序具少数至多数花；萼片离生，与花瓣相似；侧萼片贴生于蕊柱基部或蕊柱足上；唇瓣不裂或3裂，基部具或不具短距或浅囊；蕊柱两侧具翅，基部具或不具蕊柱足；花粉团蜡质，通常8个或罕为6个，每4个或3个为一群，有花粉团柄，但无黏盘柄与黏盘。

本属约32种，分布于亚洲热带地区，北至我国和日本，东南至新几内亚岛和太平洋一些岛屿。我国有13种。福建有3种。

分种检索表

1. 假鳞茎纤细，貌似叶柄状；叶卵状心形，长不超过宽的1倍……………………………………………………………………………1.心叶带唇兰 *T. cordifolia*
1. 假鳞茎粗大，非叶柄状；叶狭长圆形、椭圆状披针形或长椭圆形，长超过宽的2倍。
    2. 假鳞茎卵球形；唇瓣不裂 ……………………2.香港带唇兰 *T. hongkongensis*
    2. 假鳞茎圆柱形或圆柱状卵形；唇瓣3裂。
        3. 叶宽1.8~3.8cm，叶柄长2~6cm ………………………… 3.带唇兰 *T. dunnii*
        3. 叶宽5~7cm，叶柄长18~32cm …………………… 4.阔叶带唇兰 *T. latifolia*

1. 心叶带唇兰

Tainia cordifolia Hook. f., Hooker's Icon. Pl. 19: t. 1861. 1889. —— *Mischobulbum cordifolium* (Hook. f.) Schltr., Repert. Spec. Nov. Regni Veg. Beih. 1: 98. 1911.

假鳞茎纤细，似叶柄状，长2.7~5.8cm，顶生1枚叶。叶卵状心形，上面灰绿色带深绿色斑块，背面具粉白色条纹，长6~15.7cm，宽3~8.8cm，基部心形，无柄。花葶长18~25cm；总状花序具3~5朵花；花中等大，萼片和花瓣褐色带紫褐色脉纹；中萼片披针形，长1.5~2.8cm，宽约5mm；侧萼片与中萼片近等大，基部贴生于蕊柱足而形成宽钝的萼囊；花瓣披针形，与萼片近等长，宽5~8mm；唇瓣近卵形，长约2.8cm，3裂，中裂片近三角形，反折，先端急尖；侧裂片近半卵形；唇盘具3条黄色褶片，从基部延伸至近中裂片先端处；蕊柱长约1cm，基部具长达1.4cm的蕊柱足；蕊柱翅宽阔，向下延伸到蕊柱足基部。花期5~7月。

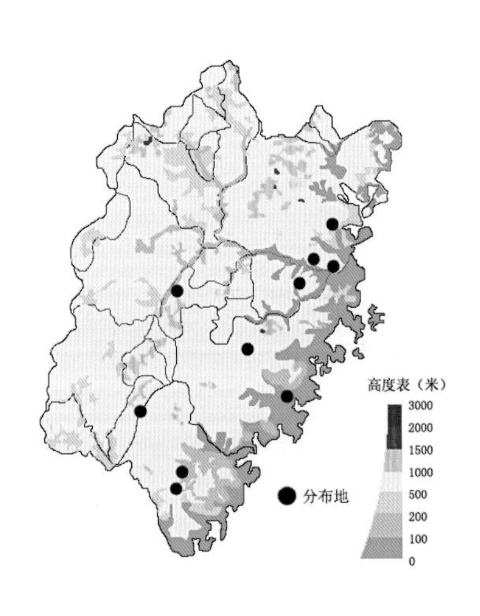

产于闽侯、福州、永泰、罗源、德化、泉州、南靖、平和、龙岩、三明。生于林下阴湿处或林缘下灌木丛中，海拔1400m以下。分布于广东、广西、台湾、云南。越南也有。

2. 香港带唇兰

Tainia hongkongensis Rolfe , Bull. Misc. Inform. Kew. 1896: 195. 1896.
— *Ania hongkongensis* (Rolfe) Tang & F. T. Wang, Sin. 1: 88. 1951.

假鳞茎卵球形，粗0.9~2.5cm，顶生1枚叶。叶长椭圆形，具折扇状脉，长17~35cm，宽2.5~7cm，基部收狭为长柄；叶柄纤细，长6.5~27cm，基部具长鞘。花葶长可达65cm；总状花序疏生数朵至10余朵花；花中等大，有红褐色条纹或斑点；萼片相似，长圆状披针形，长1.8~2.2 cm，宽约3mm；花瓣倒卵状披针形，与萼片近等大；唇瓣倒卵形，长约1.1cm，不裂，唇盘上具3条褶片，基部具短距；距近长圆形，长约3mm；蕊柱长约6mm。花期4~5月。

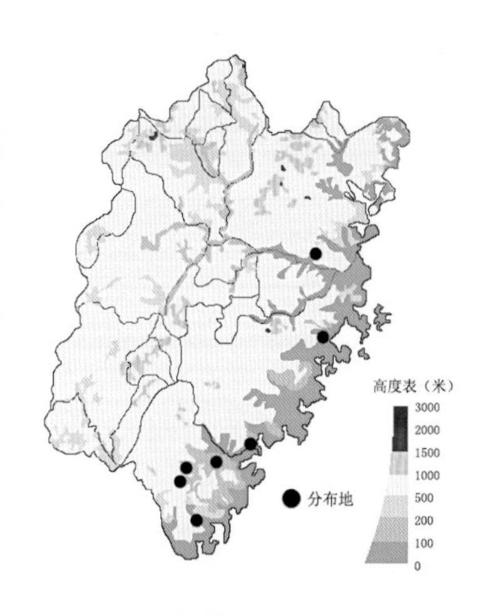

产于闽侯、莆田、厦门、漳州、南靖、平和、云霄。生于林下、林缘灌木丛中，海拔500m以下。分布于广东。越南也有。

3. 带唇兰

Tainia dunnii Rolfe, J. Linn. Soc. Bot. 38: 368. 1908.

假鳞茎圆柱形，长1.8~6.5cm，顶生1枚叶。叶椭圆状披针形，长15~31cm，宽1.8~3.8cm，基部渐狭为柄；叶柄长2~6cm。花葶长30~70cm；总状花序具10余朵花；花淡黄色或棕紫色；中萼片狭长圆状披针形，长1.2~1.6cm，宽约2mm；侧萼片狭长圆状镰刀形，与中萼片近等长，基部贴生于蕊柱足而形成明显的萼囊；花瓣与萼片近等长而较宽；唇瓣近圆形，长约1cm，3裂；中裂片横长圆形，先端平截或中央稍凹缺；侧裂片镰状长圆形；唇盘上具3条褶片，两侧的褶片呈弧形，较高，中央的褶片为龙骨状；蕊柱长约6mm，基部具长约2mm的蕊柱足；药帽先端两侧各具1枚紫色的圆锥状凸起物。花期4~6月。

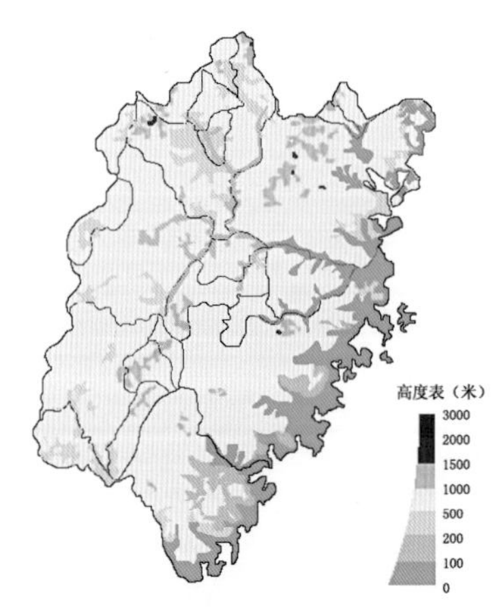

全省各地习见

全省各地习见。生于林下、林缘草丛中，海拔1700m以下。分布于广东、广西、贵州、海南、湖南、江西、四川、台湾、浙江。

4. 阔叶带唇兰

Tainia latifolia (Lindl.) Rchb. f., Bonplandia. 5: 54. 1857.
——*Ania latifolia* Lindley, Gen. Sp. Orchid. Pl. 130. 1831.

假鳞茎圆柱状长卵形，长约7cm，顶生1枚叶。叶椭圆形或椭圆状披针形，长18~32cm，宽5~7cm，基部收狭为长柄；叶柄长8~30cm。花葶长40~100cm；总状花序疏生多数花；花具香气，萼片和花瓣深褐色；中萼片狭长圆形，长1~3.5cm，宽约2mm；侧萼片与中萼片近等大，狭镰刀状长圆形，基部贴生于蕊柱足而形成明显的萼囊；花瓣与萼片近等长而较宽；唇瓣椭圆形至卵形，长约8mm，3裂；中裂片近圆形或倒卵形，先端稍有凹缺；侧裂片卵状三角形；唇盘从基部向中裂片先端纵贯3条褶片，中央的1条较窄，两侧的较宽，呈弧形；蕊柱长约7mm，基部具长约2mm的蕊柱足；药帽顶端两侧各具1个紫红色附属物。花果期9~10月。

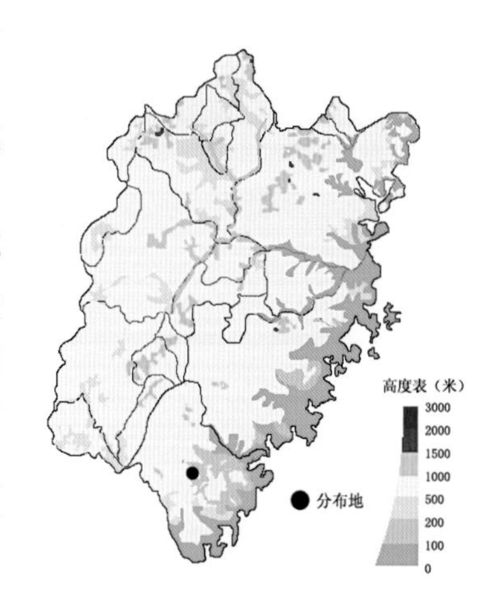

产于南靖。生于密林下，海拔约300m。分布于海南、台湾、云南。孟加拉国、不丹、印度、老挝、缅甸、泰国、越南也有。

41. 苞舌兰属 *Spathoglottis* Bl.

地生草本。假鳞茎近球形至卵球形。叶1~5枚，具折扇状脉，基部收狭为长柄，无关节。花葶生于假鳞茎基部。总状花序疏生少数花；萼片相似，背面被毛；花瓣与萼片相似而常较宽；唇瓣3裂，无距；侧裂片近直立，两裂片之间常凹陷呈囊状，内面常有毛；中裂片具爪，爪与侧裂片连接处具附属物或龙骨状凸起；蕊柱半圆柱形，两侧具翅，无蕊柱足；蕊喙不裂；花粉团蜡质，8个，每4个为一群，共同附着于一个三角形的黏盘上。

本属约46种，分布于热带亚洲至澳大利亚和太平洋岛屿。我国有3种，分布于南方各地。福建有1种。

苞舌兰 *Spathoglottis pubescens* Lindl., Gen. Sp. Orchid. Pl. 120. 1831.

假鳞茎扁球形，长约3cm，粗1~1.7cm。叶1~3枚，带形或狭披针形，长20~40cm，宽1~3.5cm。花葶直立，高20~90cm，被短柔毛；总状花序疏生2~10余朵花；花黄色；萼片椭圆形，长1.2~1.7cm，宽约6mm，背面被柔毛；花瓣宽长圆形，与萼片近等长而较宽，两面无毛；唇瓣长达1.7cm，3裂；中裂片倒卵状楔形，长约1.3cm，先端近截形并有凹缺，基部具爪；爪短而宽，上面具一对半圆形的、肥厚的附属物，基部两侧有时各具1枚稍凸起的钝齿；侧裂片镰刀状长圆形，先端圆形或截形，两侧裂片之间凹陷呈囊状；唇盘上具3条纵向的龙骨脊，中央1条隆起而成肉质的褶片；蕊柱长约9mm。花期8~9月。

产于永泰、仙游、德化、漳浦、南靖、平和、永定、上杭、龙岩、连城、长汀、明溪、将乐、泰宁。生于山坡草丛中，海拔500~1400m。分布于广东、广西、贵州、湖南、江西、四川、云南、浙江。柬埔寨、印度、老挝、缅甸、泰国、越南也有。

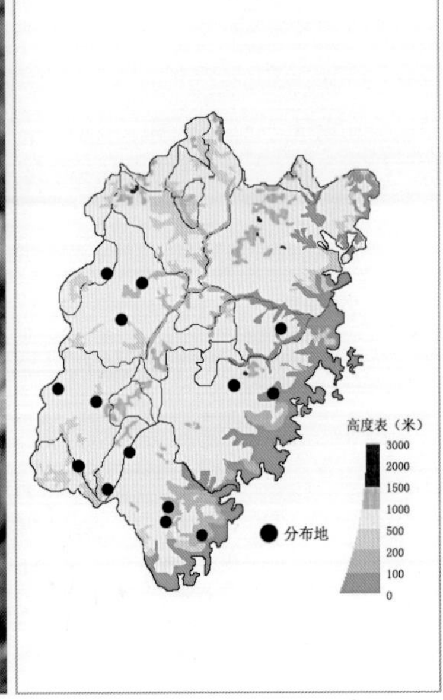

42.黄兰属 *Cephalantheropsis* Guill.

地生或极罕附生草本，具匍匐根状茎。茎圆柱形，芦苇茎状，丛生，直立，具多数节，基部或下部被筒状鞘。叶多数，互生，基部收狭下延为抱茎的鞘，具关节，具折扇状脉。总状花序侧生于茎中部以下的节上，具多数花；花序柄基部被数枚鞘；花苞片早落；花中等大，张开或不甚张开；萼片和花瓣多少相似，离生，伸展或稍反折；唇瓣3裂，贴生于蕊柱基部，基部浅囊状或凹陷，无距；中裂片具短爪，向先端扩大，边缘皱波状，唇盘上具1对龙骨状凸起；侧裂片直立，多少围抱蕊柱；蕊柱粗短，两侧具翅，基部稍扩大，无蕊柱足；蕊喙短小，卵形，先端尖；柱头顶生；花粉团蜡质，8个，每4个为一群，共同附着于1个球形的黏盘上。

本属约5种，主要分布于日本、我国至东南亚。我国有3种，产南部。福建有1种。

黄兰

Cephalantheropsis obcordata (Lindl.) Ormerod, Orchid Digest. 62: 157. 1998.
— *C. gracilis* (Lindl.) S. Y. Hu, Quart. J. Taiwan Mus. 25: 213. 1972.
— *Calanthe gracilis* Lindl., Gen. Sp. Orchid. Pl. 251. 1833.

植株高35~100cm。茎直立，长达60cm，上部具5~9枚叶。叶长圆形，长10~25cm，宽3.5~7cm，基部收狭为短柄。花序长5~20cm，总状或偶具有1~2个分枝，疏生多数花；花梗和子房密布细毛；萼片与花瓣黄绿色，唇瓣白色，中央有一个橙黄色斑块，后期整个变为橙褐色；萼片和花瓣反折；萼片相似，卵状披针形，长约1.3cm，宽约4mm，背面密布短毛；花瓣卵状椭圆形，长约1cm，宽3.5~4mm，两面或仅背面被毛；唇瓣长圆形，长9~12mm，3裂，基部贴生于蕊柱基部，无距；中裂片近肾形，基部收狭，边缘皱波状，先端微凹且具1个细尖，上面具2条黄色的褶片，褶片间具小泡状颗粒；侧裂片近三角形，围抱蕊柱，先端尖齿状，前缘具不整齐的缺刻；蕊柱长约3mm，被毛。花期11月。

产于南靖、云霄。生于沟谷边林下，海拔400~1000m。分布于广东、海南、台湾、云南。印度、印度尼西亚、日本、老挝、马来西亚、缅甸、菲律宾、泰国、越南也有。

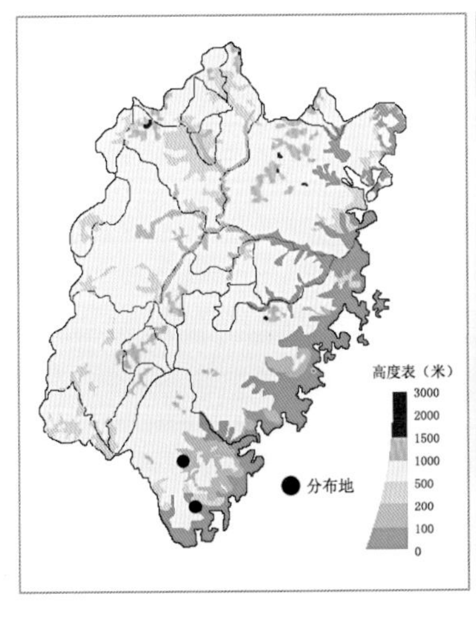

43.鹤顶兰属 *Phaius* Lour.

地生草本。假鳞茎丛生，具节，有时呈茎状。叶大，数枚，近基生或互生于茎上，具折扇状脉，基部的叶鞘紧抱于茎或互相套叠而形成假茎。花葶侧生于假鳞茎节上或从叶腋中发出；总状花序具少数至多数花；花通常大，艳丽；萼片和花瓣近相似；唇瓣3裂或不裂，基部贴生于蕊柱基部，与蕊柱分离或与蕊柱基部上方的蕊柱翅多少合生，具短距或无距，唇盘具龙骨状凸起物且常被毛；蕊柱长而粗壮，两侧具翅，无蕊柱足；花粉团蜡质，8个，每4个为一群，以花粉团柄附着于1个黏质物上。

本属约40种，广布于非洲热带地区、亚洲热带和亚热带地区以及大洋洲。我国有9种，产于南方诸地，尤其盛产于云南南部。福建有2种。

分种检索表

1. 花葶不高出叶面之外；萼片与花瓣黄色；唇盘具3~4条隆起的脊……………………………………………………………………………………… 1.黄花鹤顶兰 *P. flavus*

1. 花葶高出叶面之外；萼片与花瓣背面白色，内面棕色；唇盘具2条褶片……………………………………………………………………………… 2.鹤顶兰 *P. tancarvilleae*

1. 黄花鹤顶兰

Phaius flavus (B1.)Lindl., Gen.Sp. Orchid. P1.128.1831.
— *Limodorum flavum* Bl., Bijdr. 375. 1825.
— *Phaius woodfordii* (Hook.) Merr., J. Arnold Arbor. 29: 211.1948.

植株高达100cm以上。假鳞茎卵状圆锥形，长5~10cm，粗2~4cm。叶4~6枚，紧密互生于假鳞茎上部，常具黄色斑点，长椭圆形或椭圆状披针形，长17~60cm，宽5~10cm，基部鞘状柄套叠成假茎。花葶侧生于假鳞茎基部或节上，低于叶面；总状花序具数朵花；花淡黄色，干后变靛蓝色；中萼片长圆状倒卵形，长约3.2cm，宽约9mm；侧萼片斜长圆形，与中萼片近等长，稍狭；花瓣长圆状倒披针形，与萼片近等长，较狭；唇瓣倒卵形，长2.5~4.5cm，前端3裂，唇盘具3～4条多少隆起的脊突；中裂片前端边缘红褐色并具波状皱褶；侧裂片围抱蕊柱；距白色，长约8mm；蕊柱长约1.9cm，两面密被长柔毛。花期4~6月。

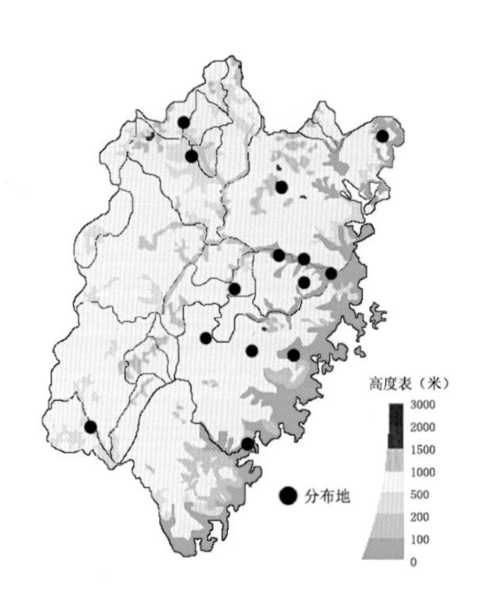

产于福鼎、屏南、闽侯、闽清、福州、永泰、仙游、德化、厦门、上杭、大田、尤溪、建阳、武夷山。生于山坡林下、山沟阴湿处，海拔400~700m。分布于广东、广西、贵州、海南、湖南、四川、台湾、西藏、云南。不丹、印度、印度尼西亚、日本、老挝、马来西亚、尼泊尔、巴布亚新几内亚、菲律宾、斯里兰卡、泰国、越南也有。

2. 鹤顶兰

Phaius tancarvilleae (L'Hérit.) Bl., Mus. Bot. Ludg. Bat. 2: 177. 1856. — *Limodorum tancarvilleae* L' Hérit., Sert. Angl. 28. 1789.

植株高60~100cm。假鳞茎圆锥形至近球形，长6~8cm，粗3~6cm。叶数枚，生于假鳞茎上部，长圆状披针形，长20~70cm，宽4~10cm，先端渐尖。花葶从假鳞茎基部或叶腋发出，高出叶面；总状花序具多数花；花大，直径7~9cm；萼片与花瓣上面棕色，背面白色，唇瓣棕红色，有白色斑；萼片近相似，长圆状披针形，长约5cm，宽约1.3cm；花瓣长圆形，与萼片近等长，稍狭；唇瓣宽菱状卵形，长3.5~6cm，浅3裂，唇盘密被短毛，具2条褶片；中裂片边缘稍波状；侧裂片短而圆，围抱蕊柱而使唇瓣呈喇叭状；距细圆柱形，长约1cm；蕊柱白色，长约2cm，多少具短柔毛。花期3~5月。

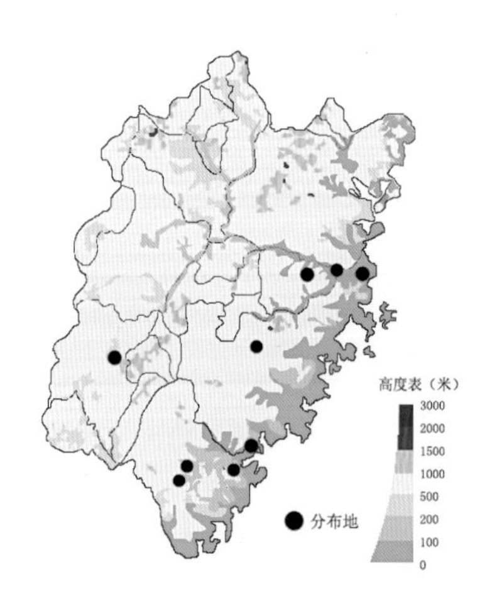

产于福州、长乐、永泰、德化、厦门、龙海、南靖、平和、连城。生于林缘的灌木下或草丛中、沟谷或溪边阴湿处，海拔900m以下。分布于广东、广西、海南、台湾、西藏、云南。广布于亚洲热带和亚热带地区以及大洋洲。

鹤顶兰

44. 虾脊兰属 *Calanthe* R. Br.

地生草本，具或不具根状茎。假鳞茎常较小，圆锥形至近球形，极少圆柱形或不存在。叶数枚，幼时席卷，在花期通常尚未全部展开或少有全部展开的。花葶从叶丛中抽出或侧生于假鳞茎基部；总状花序具少数至多数花；萼片近相似，离生；花瓣较萼片狭；唇瓣基部与蕊柱翅部分或全部合生而形成管，稀贴生于蕊柱基部或蕊柱足上，3裂或不裂，具或不具距；蕊柱短，无蕊柱足或具短的短足，两侧具翅；花粉团蜡质，8个，每4个为一群，花粉团柄明显或不明显，共同附着于1个黏性黏盘上。

本属约150种，分布于亚洲热带和亚热带地区、大洋洲、非洲热带地区、中美洲和南美洲西北部。我国有51种，主要产长江流域及其以南各地。福建有8种。

分种检索表

1. 花苞片早落；蕊喙不裂。
  2. 总状花序球形；距圆筒形，长1.2~1.6cm；唇瓣基部稍与蕊柱翅的基部合生 ……………… 1. 密花虾脊兰 *C. densiflora*
  2. 总状花序非球形；距棒状，长约0.9cm；唇瓣基部与整个蕊柱翅合生 ……………… 2. 棒距虾脊兰 *C. clavata*
1. 花苞片宿存；蕊喙2裂。
  3. 唇瓣无距 ……………… 3. 无距虾脊兰 *C. tsoongiana*
  3. 唇瓣有距。
    4. 唇瓣在两侧裂片之间具3列瘤状凸起物。
      5. 花淡紫色；中裂片先端凹缺或浅2裂 ……… 4. 长距虾脊兰 *C. sylvatica*
      5. 花白色；中裂片先端深2裂 ……………… 5. 三褶虾脊兰 *C. triplicata*
    4. 唇瓣在两侧裂片之间或中裂片上具片状褶片或龙骨状凸起。
      6. 唇瓣中裂片先端深凹缺，唇盘上具3条片状褶片 … 6.虾脊兰 *C. discolor*
      6. 唇瓣中裂片微凹并具短尖，唇盘上具3~5条肉质脊突。
        7. 植株地下不具明显的根状茎；叶背面无毛；唇盘上的肉质脊突延伸至中裂片中部；蕊柱无毛 ……………… 7. 钩距虾脊兰 *C. graciliflora*
        7. 植株地下具长而粗的根状茎；叶背面密被短毛；唇盘上的肉质脊突延伸至中裂片近先端；蕊柱腹面有毛 ……8. 翘距虾脊兰 *C. aristulifera*

1. 密花虾脊兰

Calanthe densiflora Lindl., Gen. Sp. Orchid. Pl. 250. 1833.

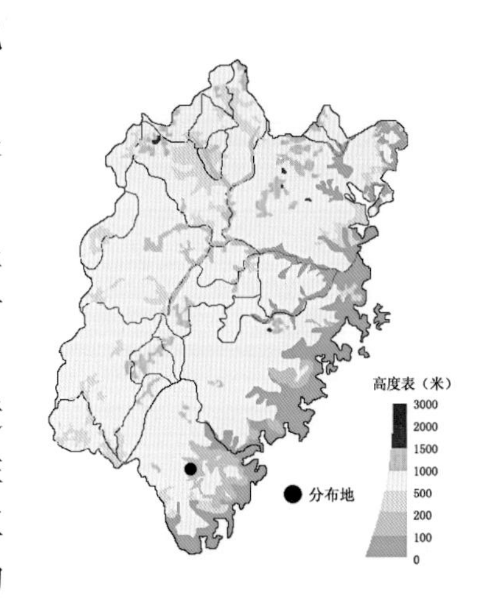

植株相距5~6cm疏生于根状茎上，具很短而为叶鞘包裹的茎。叶通常3枚，基生，在花期已长成，狭椭圆形，长20~40cm，宽5~9cm，先端急尖，基部收狭为柄；叶柄长5~10cm，在与叶鞘相连接处具1个关节，外为管状鞘所包，形成长10~16cm的假茎。花葶1~2个，长约20cm；总状花序呈球状，由许多放射状排列的花所组成；花苞片早落，狭披针形，长2.5cm；花淡黄色；萼片相似，长圆形，长约1.4cm，中部宽约5mm，先端急尖并呈芒状；花瓣近匙形，与萼片近等长而稍狭；唇瓣卵圆形，长7~11mm，3裂，基部稍与蕊柱翅的基部合生；中裂片近方形，先端微凹，基部上方具2枚三角形的褶片；侧裂片卵状三角形，先端钝；距圆筒形，长约1cm；蕊柱细长，长约1.2cm；蕊喙不裂。花期11~12月。

产于南靖。生于林下或山谷溪边，海拔约450m。分布于广东、广西、海南、四川、台湾、西藏、云南。不丹、印度、越南也有。

2. 棒距虾脊兰

Calanthe clavata Lindl., Gen. Sp. Orchid. Pl. 251. 1833.

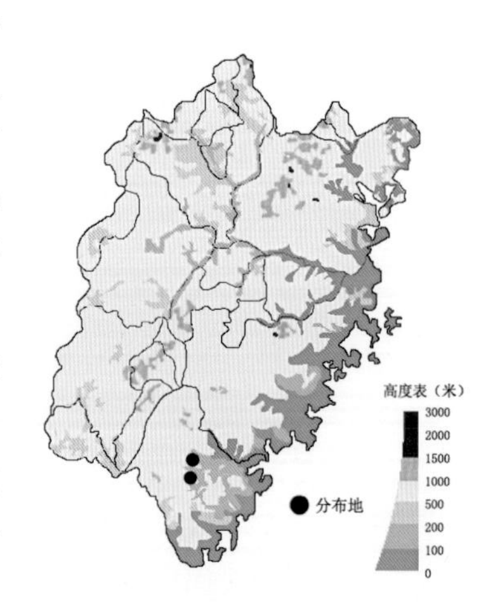

植株地下具粗壮的根状茎。假鳞茎很小，完全为叶鞘所包。叶2~3枚，基生，在花期已长成，狭椭圆形，长50~65cm，宽4~10cm，基部渐狭为柄；叶柄长7~13cm，在与叶鞘相连接处具1个关节，外为管状鞘所包，形成长约13cm的假茎。花葶1~2个，长约40cm；总状花序长6~8cm，具许多花；花苞片披针形，早落，膜质；花黄色；中萼片椭圆形，长约1.2cm，中部宽约5mm；侧萼片近长圆形，与中萼片近等长而稍狭，先端急尖并呈芒状；花瓣倒卵状椭圆形至椭圆形，长1cm，宽5mm；唇瓣长6~8mm，3裂，基部与整个蕊柱翅合生；中裂片近圆形，长4mm，宽5~5.5mm，先端截形并微凹，基部具2枚三角形的褶片；侧裂片耳状或近卵状三角形，直立；距棒状，劲直，长9mm；蕊柱长约7mm，上部扩大；蕊喙不裂。花期11~12月。

产于南靖、平和。生于林下或山谷溪边，海拔约500m。分布于广东、广西、海南、台湾、西藏、云南。印度、缅甸、泰国、越南也有。

3. 无距虾脊兰

Calanthe tsoongiana Tang & F. T. Wang , Acta Phytotax. Sin. 1: 88. 1951.

植株地下具根状茎。假鳞茎近圆锥形，较小，包藏于叶基内。叶2~3枚，在花期已长成，长椭圆形，长约25cm，宽约8cm，背面被短毛，基部收狭为柄；叶柄长8~19cm，形成或有时不形成假茎。花葶长33~55cm；总状花序长14~16cm，疏生许多小花；花苞片宿存；花淡紫色；萼片相似，长圆形，长约8mm，中部宽约4mm，背面中部以下疏生毛；花瓣近匙形，长约6mm；唇瓣宽倒卵形，长约5mm，3裂，基部合生于整个蕊柱翅上，唇盘不具褶片和其他附属物，无距；中裂片长圆形，先端截形并微凹，在凹缺中央具细尖；侧裂片近长圆形，较中裂片稍宽；蕊柱粗短，长约3mm；蕊喙小，2裂。花期4月。

产于建宁、沙县、武夷山。生于林下，海拔约450m。分布于贵州、江西、浙江。

4. 长距虾脊兰

Calanthe sylvatica (Thou.) Lindl., Gen. Sp. Orchid. Pl. 250. 1833.
— *Centrosis sylvatica* Thou., Hist. Orchid. t. 35, 36. 1822.

植株不具根状茎。假鳞茎狭圆锥形，长1~2cm。叶3~6枚，在花期已长成，椭圆形至倒卵形，长20~40cm，宽达10.5cm，基部收狭为柄，背面密被短柔毛；叶柄长11~23cm。花葶长45~75cm；总状花序疏生数朵花；花苞片宿存，披针形，密被短柔毛；花淡紫色，唇瓣常变成橘黄色；中萼片椭圆形，长1.8~2.3cm，中部宽6~10mm，背面疏被短柔毛；侧萼片长圆形，长2~2.8cm，中部宽6~9mm，先端急尖并呈短尾状，背面疏被短柔毛；花瓣倒卵形或宽长圆形，长1.5~2.0cm，中部以上宽9~12mm，先端稍钝或近锐尖；唇瓣长1.1~1.7cm，3裂，基部与整个蕊柱翅合生；中裂片扇形或肾形，先端凹缺或浅2裂，裂口中央略有凸尖，前端全缘或具缺刻，基部具短爪；侧裂片镰状披针形，向先端变狭，先端稍钝；唇盘基部具3列不等长的黄色鸡冠状的小瘤；距圆筒状，长2.0~5.5cm，末端钝，外面疏被短毛；蕊柱长5mm，近无毛；蕊喙2裂。花期8~9月。

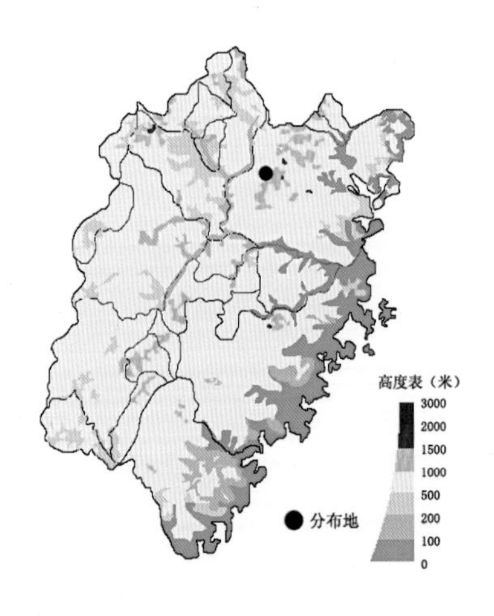

产于屏南。生于常绿阔叶林下的溪谷边阴湿处，海拔约300m。分布于广东、广西、湖南、台湾、西藏、云南。不丹、印度、印度尼西亚、日本、马来西亚、缅甸、尼泊尔、斯里兰卡、泰国、越南至非洲南部和马达加斯加也有。

5. 三褶虾脊兰

Calanthe triplicata (Willem.) Ames, Philipp. J. Sci., C. 2: 326. 1907. — *Orchis triplicata* Willem., Ann. Bot. (Usteri) 18: 52. 1796.

植株无明显的根状茎。假鳞茎卵状圆柱形，长1~3cm，具4~6枚叶。叶在花期已长成，椭圆形或椭圆状披针形，长17~35cm，宽可达12cm，基部收狭为柄，边缘多少波状，无毛。花葶长30~70cm；总状花序密生多数花；花苞片宿存；花白色，直径约2cm；中萼片近椭圆形，长约1.2cm，宽约5mm，背面被短毛；侧萼片稍斜的倒卵状披针形，与中萼片近等长，稍宽，背面被短毛；花瓣倒卵状披针形，较萼片短、狭，基部收狭为爪，背面被短毛；唇瓣3深裂，基部与整个蕊柱翅合生，唇盘在侧裂片之间具3列金黄色瘤状凸起物；中裂片深2裂，两小裂片中间具1个短尖头；侧裂片卵状椭圆形至倒卵状楔形；距白色，纤细，长约1cm，外面疏被短毛；蕊柱长约5mm，疏被短毛；蕊喙2裂。花期5~7月。

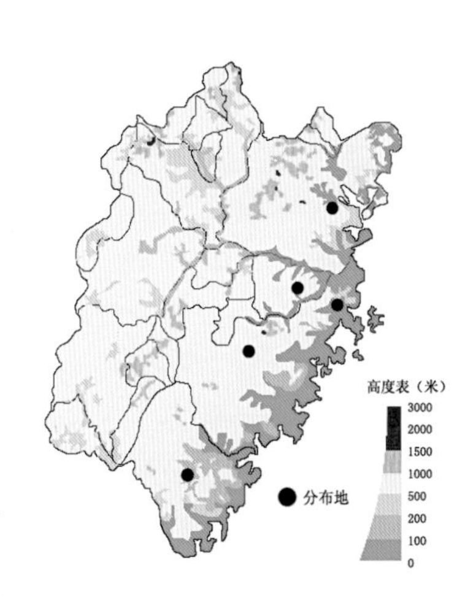

产于宁德、永泰、福清、德化、南靖。生于沟谷边林下，海拔300~500m。分布于广东、广西、海南、台湾、云南。不丹、柬埔寨、印度、印度尼西亚、日本、老挝、马来西亚、菲律宾、斯里兰卡、越南、澳大利亚、太平洋临近一些岛屿及非洲的马达加斯加也有。

6. 虾脊兰

Calanthe discolor Lindl., Sert. Orchid. ad t. 9. 1838.

植株不具明显的根状茎。假鳞茎粗短，近圆锥形，粗约1cm，具3枚叶。叶在花期已长成，倒卵状长圆形至椭圆状长圆形，长可达25cm，宽4~9cm，先端急尖或锐尖，基部收狭为柄，背面密被短毛；叶柄长6~10cm，通常套迭而形成粗约2cm的假茎。花葶1~2个，长约18~30cm；总状花序疏生约10朵花；花苞片宿存；萼片和花瓣褐紫色；萼片相似，椭圆形，长约1.2cm，宽约6mm，背面中部以下被短毛；花瓣近长圆形或倒披针形，与萼片近等长而较狭；唇瓣近扇形，长1~1.3cm，3裂，基部与整个蕊柱翅合生，唇盘上具3条片状褶片，延伸到中裂片的中部，前端呈三角形隆起；中裂片倒卵状楔形，先端深凹缺；侧裂片镰状倒卵形或楔状倒卵形, 基部约一半与蕊柱翅的外侧边缘合生；距圆筒形，伸直稍弯曲，长5~10mm，外面疏被短毛；蕊柱长约4mm，蕊柱翅下延到唇瓣基部；蕊喙2裂。花期4~5月。

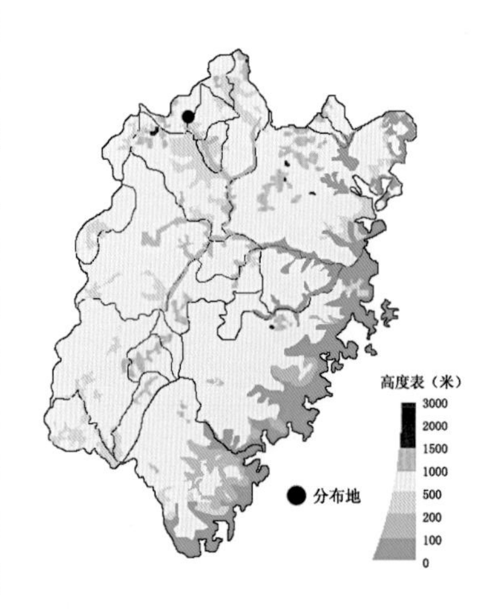

产于武夷山。生于林下。分布于安徽、广东、贵州、湖北、湖南、江苏、江西、浙江。日本和朝鲜半岛也有。

7. 钩距虾脊兰

Calanthe graciliflora Hayata, J. Coll. Sci. Imp. Univ. Tokyo. 30(1): 329. 1911.

植株不具明显的根状茎。假鳞茎近卵形，粗约2cm，具2~3枚叶。叶在花期尚未完全展开，长圆形或椭圆形，长17~28cm，宽5~8.5cm，基部收狭为柄，无毛；叶柄通常套迭而形成长5~18cm，粗1.5cm的假茎。花葶长达70cm；总状花序疏生多数花；子房连花梗长约1.1cm，被短毛；萼片和花瓣背面褐色，内面淡黄色；中萼片近椭圆形，长约1.3cm，宽约6mm；侧萼片近似于中萼片，稍狭；花瓣倒卵状披针形，长约1.2cm，宽约3mm；唇瓣白色带紫红色斑点，长约1cm，3裂，基部与整个蕊柱翅合生；中裂片倒卵形，先端近截形而微凹并在凹缺处具短尖；侧裂片长圆形，基部部分贴生在蕊柱翅上；唇盘上具3条肉质脊突,延伸至中裂片中部，其末端呈三角形隆起；距圆筒形，长1~1.8cm，先端钩状，外面疏被短毛，内面密被短毛；蕊柱长约5mm，无毛；蕊喙2裂。花期4~5月。

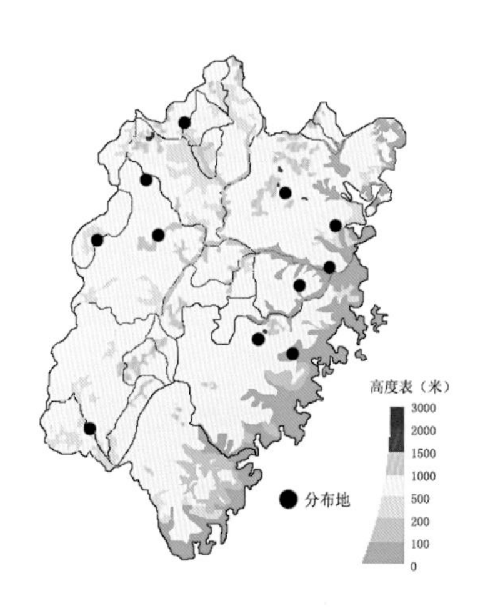

产于屏南、罗源、福州、永泰、仙游、德化、上杭、建宁、将乐、邵武、武夷山。生于林下，海拔400~1300m。分布于安徽、广东、广西、贵州、湖北、湖南、江西、四川、台湾、云南、浙江。

8. 翘距虾脊兰

Calanthe aristulifera Rchb. f., Bot. Zeitung (Berlin). 36: 74. 1878.

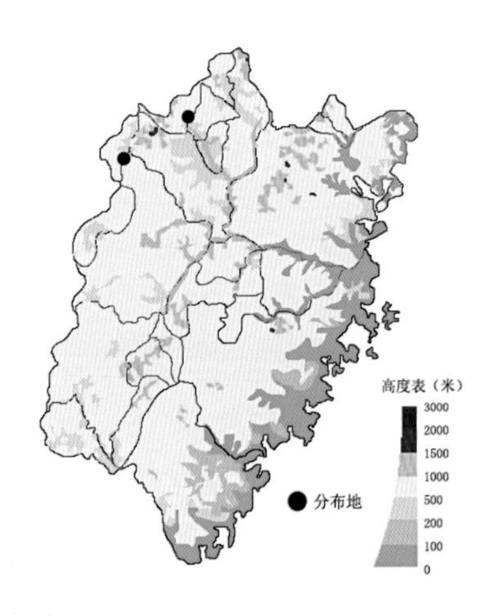

植株地下不具长而粗的根状茎。假鳞茎近球形，粗约1cm，具2~3枚叶。叶在花期尚未长成，倒卵状椭圆形或椭圆形，长15~30cm，宽4~8cm，基部收狭为柄，无关节，背面密被短毛；叶柄通常套迭而形成长13~20cm的假茎。花葶1~2个，长25~60cm；总状花序疏生约10朵花；花苞片宿存；花粉红色或白色带淡紫色；中萼片长圆状披针形，长12~17mm，中部宽5~8mm，背面被短毛；侧萼片斜长圆形，与中萼片近等长而较狭，背面被短毛；花瓣狭倒卵形或椭圆形，比萼片稍短，中部宽2.5~4.5mm，无毛；唇瓣扇形，长0.8~1.6cm，3裂，基部与整个蕊柱翅合生，唇盘上具3~5条肉质脊突，延伸至近中裂片先端处呈高褶片状；中裂片扁圆形，先端微凹并具细尖，边缘稍波状；侧裂片基部约一半与蕊柱翅的外侧边缘合生；距圆筒形，常翘起，长1.4~2cm，内面被长柔毛，外面被短毛；蕊柱长6mm，腹面被毛；蕊喙2裂。花期3~4月。

产于光泽、武夷山。生于林下。分布于广东、广西、台湾。日本也有。

45.坛花兰属 *Acanthephippium* Bl.

地生草本。假鳞茎聚生，卵形或卵状圆柱形，具少数节间，被数枚膜质鳞片状鞘，顶生1~4枚叶。叶具折扇状脉，基部收狭为短柄并具关节。总状花序侧生，具少数花；花大，不甚张开；萼片除上部外彼此联合成膨大的坛状筒；侧萼片基部歪斜，较宽阔，与蕊柱足合生形成宽大的萼囊；花瓣藏于萼筒内，较萼片狭；唇瓣具狭长的爪，以1个活动关节连接于蕊柱足末端，3裂，唇盘上具褶片或龙骨状凸起；中裂片短，反折；侧裂片直立；蕊柱较长，上部扩大，具翅，基部具蕊柱足；蕊喙不裂；花粉团蜡质，8个，每4个为一群，各自附着于1个黏质物上。

本属有11种，分布于热带亚洲至我国南部和日本南部以及新几内亚岛和太平洋岛屿。我国有3种。福建有1种。

锥囊坛花兰 *Acanthephippium striatum* Lindl., Edwards's Bot. Reg. 24(Misc.): 41. 1838.

植株高50cm。假鳞茎狭卵形，长6~10cm，粗1~3cm，具3~4节。叶1~2枚，椭圆形，长20~30cm，宽达14.5cm，具5条在背面隆起的折扇状脉。总状花序长10~13cm，稍弯垂，具4~6朵花；花白色带红色脉纹；中萼片椭圆形，长约2cm，宽约1cm；侧萼片较中萼片长而宽，基部贴生在蕊柱足上；萼囊向末端延伸而呈距状狭圆锥形；花瓣近长圆形，藏于萼筒内，与中萼片近等长较狭；唇瓣膜质，长2~2.5cm，3裂，基部具长约1cm的爪，唇盘中央具1条龙骨状脊；中裂片卵状三角形，边缘稍波状，基部两侧各具1个红色斑块；侧裂片镰刀状三角形；蕊柱长约1cm，基部具长1cm的蕊柱足。花期4~6月。

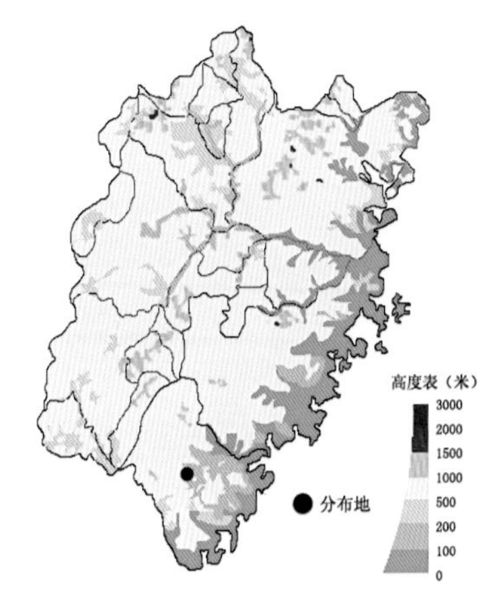

产于南靖。生于沟谷边密林下阴湿处，海拔约1000m。分布于广西、台湾、云南。印度、印度尼西亚、马来西亚、尼泊尔、泰国、越南也有。

46. 吻兰属 *Collabium* Bl.

地生或罕有附生草本。根状茎细长，匍匐。假鳞茎细圆柱形，具1个节间，被筒状鞘，顶生1枚叶。叶质地薄，基部收狭为柄，具关节。花葶从根状茎末端近假鳞茎基部发出，直立；总状花序顶生，具数朵疏离的花；花中等大；萼片相似，狭窄；侧萼片基部彼此连接，并与蕊柱足合生形成距状萼囊；花瓣常较狭；唇瓣具爪，贴生于蕊柱足末端，3裂，唇盘上具褶片；中裂片近圆形，较大；侧裂片直立；蕊柱细长，稍向前弯，基部具长的蕊柱足，两侧具翅；翅常在蕊柱上部扩大成耳状或角状，向蕊柱基部的萼囊下延；蕊喙短，先端平截；花粉团坚硬，蜡质，2个，近圆锥形，无附属物。

本属有11种，分布于热带亚洲至新几内亚岛和太平洋群岛。我国有3种，产南方诸地。福建有1种。

吻兰

Collabium chinense (Rolfe) Tang & F. T. Wang, Fl. Hainan. 4: 217. 1977. —— *Nephelaphyllum chinense* Rolfe, Bull. Misc. Inform. Kew 1896: 194. 1896.

假鳞茎细圆柱形，长2~4cm，粗2~4mm，包藏于鞘中。叶1枚，纸质，椭圆状披针形或卵状椭圆形，长6~12cm，宽3~6cm，先端急尖，基部近圆形；叶柄长1~2cm。花葶长18~25cm；总状花序疏生4~8朵花；花中等大；萼片与花瓣绿色，唇瓣白色；中萼片长圆状披针形，长约1cm，宽约3mm；侧萼片多少镰刀状长圆形，与中萼片近等长而较宽，基部贴生在蕊柱足上形成萼囊；花瓣长圆形，与萼片近等长而稍狭；唇瓣倒卵形，长约1cm，3裂，基部具爪，唇盘上两侧裂片之间具2枚褶片延伸至基部的爪上；中裂片近扁圆形，前端边缘稍具细齿；侧裂片卵形，小；距圆筒形，长5~6mm；蕊柱长约1cm，两侧各具1枚三角形齿，基部具蕊柱足。花期7~11月。

产于霞浦、南靖、永安、武夷山。生于林下阴湿处，海拔300~600m。分布于广东、广西、海南、台湾、云南、西藏。越南、泰国也有。

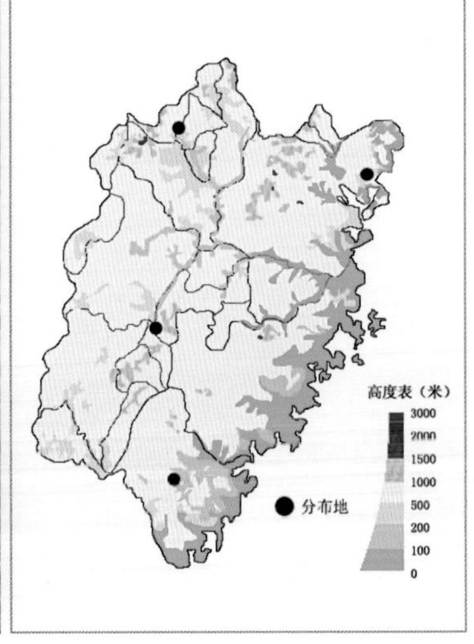

47. 竹叶兰属 *Arundina* Bl.

地生草本，具粗壮的根状茎。茎长而直立，常数个簇生。叶2列，互生，禾叶状。花序顶生，不分枝或偶见具短分枝；花大；萼片相似，中萼片直立，侧萼片彼此靠紧；花瓣宽于萼片；唇瓣3裂，贴生于蕊柱基部，基部无距；中裂片先端2裂；唇盘上具纵褶片；蕊柱细长，先端具狭翅，基部无明显的蕊柱足；花粉团稍蜡质，8个，每4个为1群，具短的花粉团柄，分别附着于各自的黏盘上。

本属仅1种，分布于热带亚洲，向北可至东亚和喜马拉雅地区。我国有分布，也产福建。

竹叶兰

Arundina graminifolia (D. Don) Hochr., Bull. New York Bot. Gard. 6: 270. 1910.
— *Bletia graminifolia* D. Don, Prodr. Fl. Nepal. 29. 1825.
— *Arundina chinensis* Bl., Bijdr. 402. 1825.

植株高30~100cm。茎直立，芦苇状。叶多枚，线状披针形，禾叶状，纸质或薄革质，长9~20cm，宽8~15mm，基部具抱茎的鞘。花序顶生，总状或有1~2个分枝而呈圆锥状，长7~16cm，具数朵至10余朵花；花大，白色或粉红色；萼片长圆状披针形，长2.5~3.5cm，宽约8mm；花瓣与萼片近等长，宽约1.3cm；唇瓣长2.5~3cm，3裂；中裂片近方形，先端2浅裂；侧裂片钝，内弯，围抱蕊柱；唇盘上具2~3条褶片；蕊柱长约2cm。花期7~10月。

全省各地习见。生于山坡林缘草丛中或溪谷旁，海拔200m以上。分布于广东、广西、贵州、海南、湖南、江西、四川、台湾、西藏、云南、浙江。不丹、柬埔寨、印度、老挝、马来西亚、缅甸、尼泊尔、斯里兰卡、泰国、越南也有。

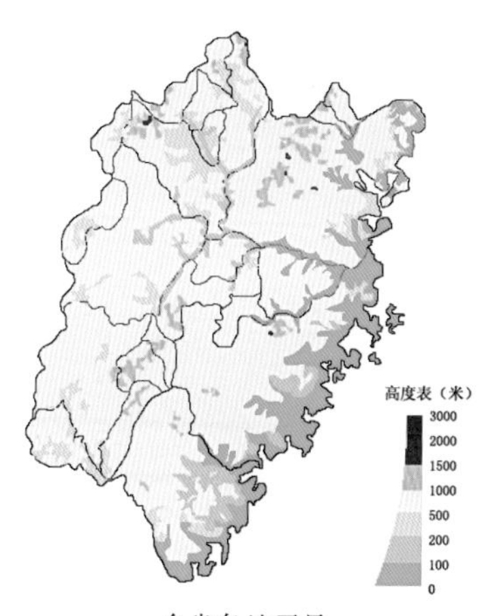

全省各地习见

48. 贝母兰属 *Coelogyne* Lindl.

附生草本，具匍匐或悬垂的、具节的根状茎。假鳞茎疏生或密生于根状茎上，顶端生2叶或有时1叶。叶质地厚，长圆形至椭圆状披针形，基部具柄。总状花序从假鳞茎顶端抽出，常与幼叶同时出现于幼嫩假鳞茎顶端，常具少数至多数花，稀单花；花较大或中等大；萼片离生，相似；花瓣狭于萼片；唇瓣基部凹陷，3裂或罕有不裂，无距，唇盘上常具2~5条纵褶片或脊；蕊柱较长，先端两侧常具翅，翅可围绕蕊柱顶端，无蕊柱足；花粉团蜡质，4个，成2对，共同附着于1个黏质物上。

本属约200种，分布于亚洲热带与亚热带地区至大洋洲。我国有31种，产南部至西南地区。福建有1种。

流苏贝母兰 *Coelogyne fimbriata* Lindl., Bot. Reg. 11: ad t. 868. 1825.

假鳞茎狭卵形或卵状椭圆形，长1.5~3.5cm，粗约1cm，在根状茎上相距1~4.5cm。叶2枚，长圆形或长圆状披针形，长2.3~8.2cm，宽0.8~2cm，先端急尖。花序从已长成的假鳞茎顶端发出，具1~2朵花；花淡黄色，直径2.5~3cm；萼片相似，长圆状披针形，长1.5~2.1cm，宽5~8mm；花瓣丝状或狭线形，与萼片近等长；唇瓣近卵形，长2~2.5cm，3裂；中裂片近圆形，长约7mm，边缘具流苏；侧裂片直立，顶端多少具流苏；唇盘上具2条纵褶片延伸至中裂片近先端处，在中裂片上纵褶片外侧又具2条短的褶片；蕊柱长1~1.3cm，两侧具翅。花期9~12月。

产于福州、长乐、永泰、福清、莆田、德化、南靖、平和、上杭、南平、武夷山。生于林中或林缘树干上、溪边或林下岩石上，海拔200~800m。分布于广东、广西、海南、江西、西藏、云南。不丹、柬埔寨、印度、印度尼西亚、老挝、马来西亚、缅甸、尼泊尔、泰国、越南也有。

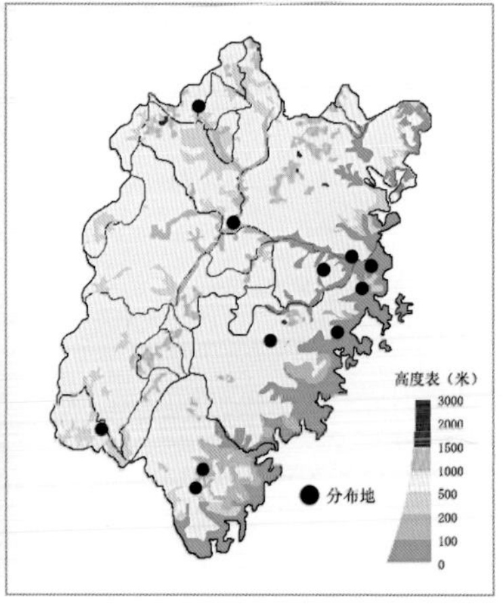

流苏贝母兰

流苏贝母兰

49.独蒜兰属 *Pleione* D. Don

地生或附生草本。假鳞茎一年生，近卵形或陀螺形，常聚生，向顶端渐狭成明显的颈状或近无颈，顶生1~2枚叶，在叶脱落后，呈杯状环宿存于假鳞茎顶端。叶纸质，具褶扇状脉，基部有短柄，冬季脱落或凋萎。花序1~2个，直立，先于叶或后于叶，在老假鳞茎基部发出，具1花或有时2花；花苞片常具色泽，宿存；花大，美观；萼片离生，相似；花瓣狭于萼片；唇瓣常较大，不裂或不明显3裂，上面常具纵褶片，先端边缘啮蚀状或撕裂状；蕊柱较长，顶端两侧具翅，无蕊柱足；花粉团蜡质，4个，每2个成1对，常倒卵形，两侧压扁，无附属物。

本属约26种，分布于我国秦岭山脉以南，西至喜马拉雅地区，南至缅甸、老挝和泰国。我国有23种，主要产西南、华中和华东地区，也见于广东和广西的北部和台湾山地。福建有2种。

分种检索表

1. 唇瓣色泽常与萼片及花瓣相似；唇瓣上的褶片不间断，稍呈撕裂状 ………………………………………………………… 1.独蒜兰 *P. bulbocodioides*
1. 唇瓣色泽常较萼片及花瓣淡；唇瓣上的褶片间断，全缘或呈啮蚀状 ………………………………………………………… 2.台湾独蒜兰 *P. formosana*

1. 独蒜兰

Pleione bulbocodioides (Franch.) Rolfe, Orchid Rev. 11: 291. 1903.

半附生草本。假鳞茎卵圆形、狭卵形或长颈瓶状，长0.5~2cm，宽1~2cm，顶生1枚叶。叶在花后长成，椭圆状披针形，长8~25cm，宽2~5cm。花1朵，紫红色或粉红色；中萼片倒披针形，长4~5cm，宽5~8mm；侧萼片稍宽；花瓣与中萼片相似，稍狭；唇瓣倒卵形，长4~5cm，宽3~4cm，不明显3裂，边缘具流苏状齿，内面有3~5条波状或近直的褶片，并有褐色斑纹；蕊柱长3~3.5cm。花期4~6月。

本种据《福建植物志》记载。到目前为止，本课题组在福建省内诸多的地区调查中，发现的全部是*Pleione formosana*，还未发现*Pleione bulbocodioid*，因此本种还仍需进一步调查与研究。分布于安徽、甘肃、广东、广西、贵州、湖北、湖南、陕西、四川、西藏、云南。

2. 台湾独蒜兰

Pleione formosana Hayata, J. Coll. Sci. Imp. Univ. Tokyo. 30(1): 326. 1911.

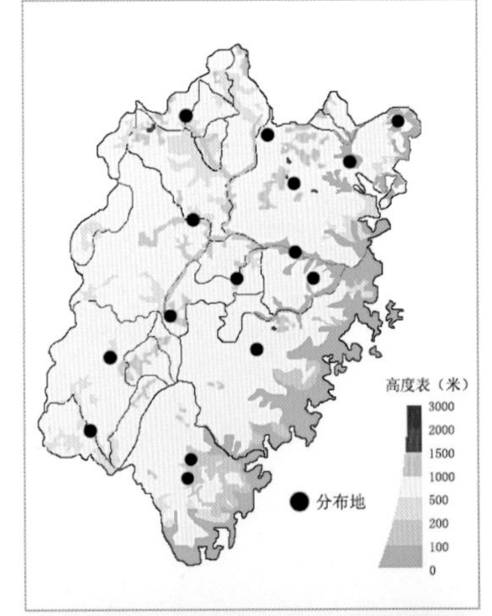

半附生或附生草本。假鳞茎卵球形或稍扁球形，长1.3~3cm，直径1.7~3.7cm，绿色至暗紫色，顶生1枚叶。叶在花后长成，椭圆形至倒披针形，长10~25cm，宽3~5cm；花序柄长7~16cm；花常1朵，稀2朵，白色至粉红色，唇瓣色泽常略浅于花瓣，唇瓣上面具黄色、红色或褐色斑；中萼片狭椭圆状倒披针形，长4.2~5.7cm，宽9~15mm；侧萼片狭椭圆状倒披针形，多少偏斜，与中萼片近等长或稍短；花瓣线状倒披针形，稍长于中萼片；唇瓣近卵圆形，长4~5.5cm，宽3~4.6cm，不明显3裂，上部边缘撕裂状，上面具3~5条褶片，中央的1条极短或有时不存在；褶片常有间断，全缘或啮蚀状；蕊柱长约3cm。花期3~4月。

产于福安、屏南、福鼎、永泰、闽清、德化、南靖、平和、连城、上杭、尤溪、永安、顺昌、政和、武夷山。生于林下或林缘腐殖质丰富的土壤和岩石上，海拔500~1600m。分布于江西、浙江、台湾。

50. 石仙桃属 *Pholidota* Lindl.ex Hook.

附生草本，具匍匐根状茎。假鳞茎密生或疏生于根状茎上，罕有假鳞茎以两端相互连接而呈茎状，或以短的根状茎连接于另一假鳞茎的中部。叶1~2枚，生于假鳞茎顶端，基部具短柄。总状花序生于假鳞茎顶端或与幼叶同时从幼嫩的假鳞茎顶端发出，具少数至多数花；花序轴常呈“之”字形曲折；花小，常不完全张开；萼片相似；侧萼片背面常具龙骨状凸起；花瓣较小；唇瓣不裂或罕有3裂，基部凹陷成囊状；蕊柱短，上端有翅，无蕊柱足；花粉团蜡质，4个，成2对，常以不明显的花粉团柄附着于黏质物上。

本属约30种，分布于亚洲亚热带地区至东南亚和大洋洲。我国有12种。福建有2种。

分种检索表

1. 假鳞茎基部无明显的柄；叶宽5~12mm；花苞片早落；萼片长约4mm…………………………………………………………………… 1.细叶石仙桃 *P. cantonensis*

1. 假鳞茎基部具明显的柄；叶宽2.5~5cm；花苞片宿存；萼片长约9mm…………………………………………………………………… 2.石仙桃 *P. chinensis*

1.细叶石仙桃

Pholidota cantonensis Rolfe, Bull. Misc. Inform. Kew. 1896: 196. 1896.

假鳞茎疏生在根状茎上，狭卵形至卵状长圆形，长1~2.2cm，宽4~7mm。叶2枚，线形或线状披针形，纸质，长3~7.5cm，宽4~12mm，基部收狭成柄状。总状花序从幼嫩假鳞茎顶端抽出，长3~5cm，具10余朵花；花苞片早落；花小，排成2列，白色或淡黄色；萼片近相似，卵状长圆形，长约4mm，宽约2.5mm；花瓣宽卵状菱形或宽卵形，与萼片近等长，略宽；唇瓣宽椭圆形，长约4mm，不明显3裂，基部凹陷成囊状；蕊柱粗短，长约1.5mm，先端两侧具翅。花期3~4月。

全省各地习见。生于林中树干上或溪边岩石上，海拔200m以上。分布于广东、广西、湖南、江西、台湾、浙江。

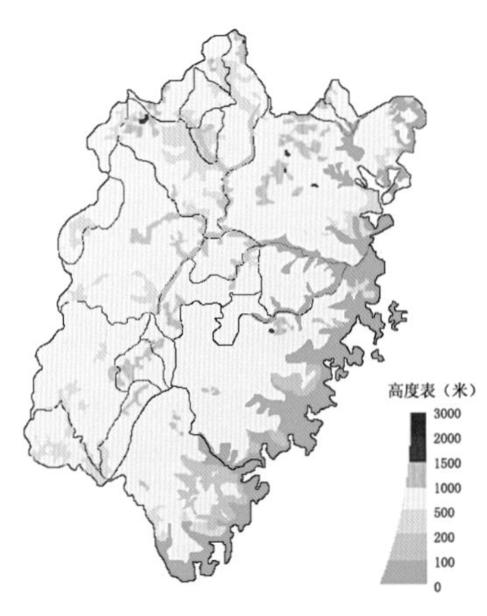

全省各地习见

2. 石仙桃

Pholidota chinensis Lindl., J. Hort. Soc. London. 2: 308. 1847.

假鳞茎相距0.5~1.5cm着生在根状茎上，狭卵状长圆形，长1.6~8cm，宽0.5~2.5cm，基部具柄。叶2枚，倒卵形、倒卵状椭圆形或倒卵状披针形，长6~18cm，宽2.5~5cm，基部收狭成柄状。总状花序从幼嫩假鳞茎顶端抽出，具数朵至20余朵花；花序轴稍曲折；花苞片宿存；花白色或带浅黄色，直径约1.2cm；长于子房连花梗；中萼片卵状椭圆形，长约9mm，宽约7mm，凹陷成舟状；侧萼片与中萼片近等长，宽5~6mm；花瓣线状披针形，长约9mm，宽约2mm，背面略有龙骨状凸起；唇瓣3裂，基部凹陷成囊状；蕊柱长4~5mm，中部以上具翅。花期4~6月。

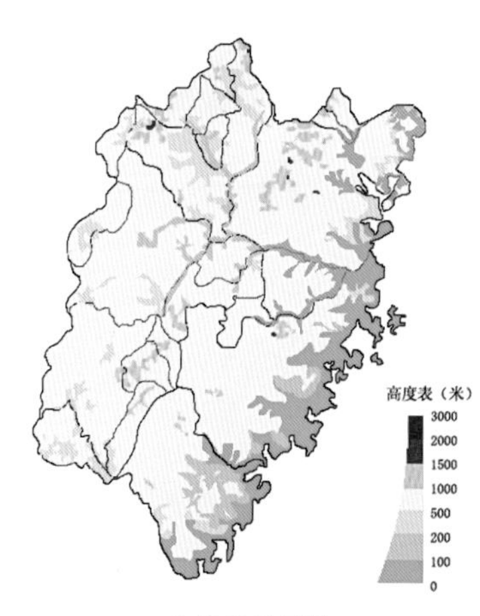

全省各地习见

全省各地习见。生于林中树干上或溪边岩壁上，海拔900m以下。分布于广东、广西、贵州、海南、西藏、云南、浙江。缅甸、越南也有。

51. 毛兰属 *Eria* Lindl.

附生或极罕地生草本，常具匍匐根状茎。茎常膨大成各种形状的假鳞茎，具1个明显的节间，基部被鞘。叶2~4枚，在芽中席卷，通常生于假鳞茎顶端或近顶端处。总状花序侧生或近顶生，具多数花；花序轴被星状毛；花通常较小，少有较大并具鲜艳色彩；萼片离生；侧萼片多少与蕊柱足合生成萼囊；花瓣与萼片近相似；唇瓣不裂或3裂，生于蕊柱足末端，无距，唇盘上具纵脊；蕊柱短或长，具长短不同的蕊柱足；花粉团蜡质，8个，每4个成一群，每个群位于药帽基部的一个囊中，每个花粉团基部有1个白色的、具颗粒的花粉团柄。

本属有15种，分布于亚洲大陆、东南亚至太平洋岛屿。我国有7种，产南部各地。福建有1种。

半柱毛兰 *Eria corneri* Rchb. f. , Gard. Chron. n. s., 2: 106. 1878.

附生草本。假鳞茎椭圆形，密集聚生，具4棱，长1.4~6cm，粗0.9~3cm，顶生2叶或偶见3叶。叶椭圆状披针形至倒卵状披针形，干时两面出现灰白色的小疣点，长5.5~25cm，宽1.5~4.1cm，基部收狭为柄。总状花序侧生于假鳞茎近顶端，长6~22cm，具十余朵花；花淡黄绿色；中萼片卵状三角形，长约1cm，宽约2mm；侧萼片斜卵状三角形，长约1cm，宽约5mm；花瓣狭披针形，与萼片近等长；唇瓣长约1cm，宽6mm，3裂，唇盘上有3条波状褶片；中裂片卵状三角形；侧裂片半圆形，近直立；蕊柱短，半圆柱形；蕊柱足长约5mm。花期10~11月。

产于罗源、福州、闽侯、永泰、德化、永春、南靖、平和。生于溪边林下岩石上，海拔200~800m。分布于广东、广西、贵州、海南、台湾、云南。日本、越南也有。

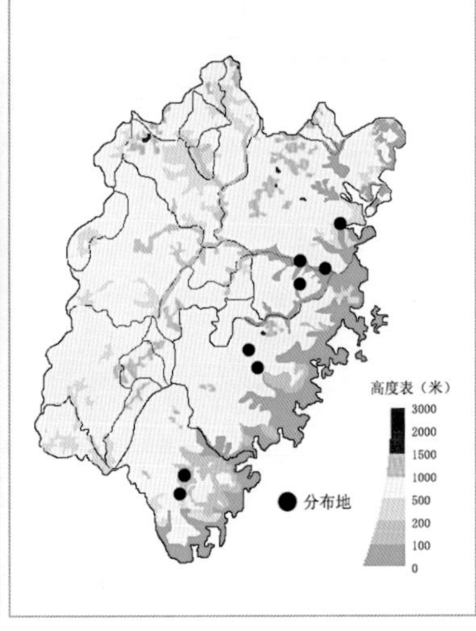

52.蛤兰属 *Conchidium* Griff.

附生草本，矮小、丛生。根状茎匍匐。假鳞茎球形至长圆形，压扁，顶生1~4枚叶。叶对折，倒卵形至披针形，有时圆柱形，具关节。总状花序顶生，具1至数朵花；花序轴不具星状毛；花白色、浅绿色或黄色；中萼片三角形；侧萼片斜三角形或披针形，基部贴生于蕊柱足而形成明显的萼囊；花瓣倒卵形至披针形或椭圆形；唇瓣不裂或3裂，基部收狭成爪状；蕊柱弯曲，具蕊柱足；花粉团8个，压扁，卵形，无附属物。

本属约10种，分布于我国至不丹、印度、日本、老挝、缅甸、尼泊尔、泰国、越南。我国有4种。福建有2种。

分种检索表

1. 假鳞茎近球形或扁球形，常每隔2~5cm成对地生长在根状茎上；叶长5~16mm，宽2~4mm；唇瓣不裂 ………………………… 1.蛤兰 *C. pusillum*
1. 假鳞茎长卵形，在根状茎上密集排成1列，颇似串珠状；叶长4~6mm，宽1~1.5mm；唇瓣3裂 ………………………… 2.高山蛤兰 *C. japonicum*

1. 蛤兰

Conchidium pusillum Griff., Not. Pl. Asiat. 3: 321. 1851.
——*Eria pusilla* (Griff.) Lindl., J. Proc. Linn. Soc., Bot. 3: 48. 1858.
——*E. sinica* (Lindl. ex Benth.) Lindl., J. Proc. Linn. Soc., Bot. 3: 48. 1858.

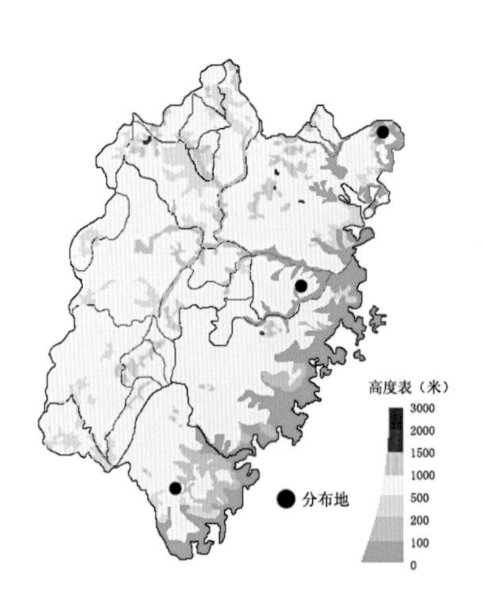

假鳞茎常每隔2~5cm成对生长在根状茎上，近球形或扁球形，粗3~6mm，被网格状膜质鞘，顶生2~3枚叶。叶倒卵状披针形、倒卵形、近椭圆形或圆形，长5~16mm，宽2~4mm，先端圆钝具细尖头或骤然收狭而成长1~1.5mm的芒。花序长1~5cm，具1~2朵花；花苞片卵形；花小，浅黄色；中萼片卵形或卵状披针形，长4~6mm，宽约1.5mm；侧萼片三角形或卵状三角形，稍偏斜，长4.5~6mm，宽约2mm，基部与蕊柱足合生成萼囊；花瓣披针形，长约4mm，宽1mm；萼囊较长，内弯；唇瓣披针形或近椭圆形，长约3.5mm，宽约1.5mm，基部收狭，边缘具缘毛或不整齐细齿；唇盘上具2~3条线纹，延伸至近中部；蕊柱长约1mm；蕊柱足长约2mm。花期10~11月。

产于福鼎、永泰、平和。生于林缘岩壁上，海拔约600m。分布于广东、广西、海南、西藏、云南。印度、缅甸、泰国、越南也有。

2. 高山蛤兰

Conchidium japonicum (Maxim.) S. C. Chen & J. J. Wood, Fl. China. 25: 348. 2009.
—— *Eria japonica* Maxim., Bull. Acad. Imp. Sci. Saint-Pétersbourg 31: 103. 1887.
—— *E. reptans* (Kuntze) Makino, Bot. Mag. (Tokyo) 15: 128. 1901.

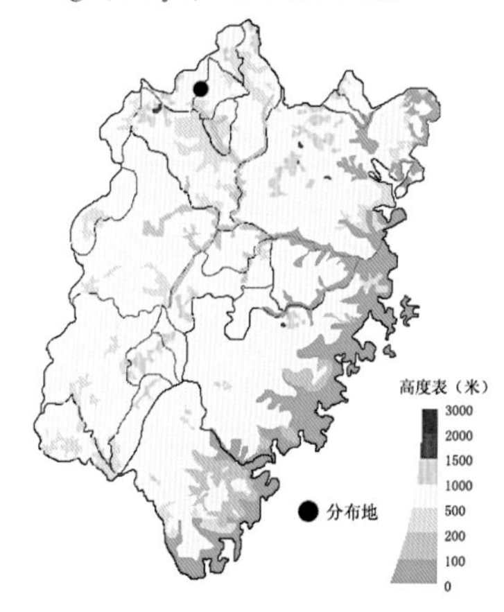

假鳞茎狭卵形，长1~1.5cm，在根状茎上密集排成1列，颇似串珠状，顶生2枚叶。叶长圆形或长圆状披针形，长4~6cm，宽1~1.5cm。总状花序顶生，长约5cm，被柔毛，具2~3朵花；花苞片卵形；花白色；中萼片狭椭圆形，长约8mm，宽约3mm；侧萼片卵形，偏斜，长约6mm，基部与蕊柱足合生成萼囊；花瓣线状披针形，与萼片近等长，较狭；唇瓣近倒卵形，略长于花瓣，3裂，基部收狭成爪；中裂片近四方形，长宽约3mm；侧裂片三角形；唇盘上具3条褶片；蕊柱长约3mm；蕊柱足长约5mm。花期6月。

产于武夷山。生于林缘岩壁上，海拔约750m。分布于安徽、贵州、台湾、浙江。日本也有。

53. 宿苞兰属 *Cryptochilus* Wall.

附生草本，具匍匐根状茎。假鳞茎聚生，卵圆形，为数枚鞘所包。叶1~3枚，生于假鳞茎顶端或近顶端处，直立或近直立，对折，革质，具关节。总状花序顶生，具偏向一侧的花；花苞片披针形，与花近等长；花张开或不甚张开，无毛；萼片合生成筒，仅先端1/4分离，或中萼片离生，侧萼片基部贴生于蕊柱足形成一个萼囊；花瓣倒披针形，较萼片小；唇瓣基部着生于蕊柱足末端，不裂或3裂，无距，唇盘上具肥厚的纵脊；蕊柱短，具蕊柱足；蕊喙2裂；花粉团蜡质，8个，每4个为一群，无花粉团柄，共同附着于1个狭椭圆形的黏盘上。

本属约10种。分布于中国南部至喜马拉雅地区和越南、泰国。我国有3种。福建有1种。

玫瑰宿苞兰

Cryptochilus roseus (Lindl.) S. C. Chen & J. J. Wood, Fl. China 25: 362. 2009.
— *Eria rosea* Lindl., Bot. Reg. 12: t. 978. 1826.

根状茎粗壮，粗可达1cm，每相距1~3cm生1假鳞茎。假鳞茎卵形，长3.6~7cm，粗1.8~3.5cm，外面为鞘所包，顶生1枚叶。叶披针形或长圆状披针形，长10~30cm，宽2.5~4cm，基部收狭为叶柄。总状花序从假鳞茎顶端发出，与叶近等长，具2~4朵花；苞片较花长，线形，长约3.5cm，宽约4mm；子房连花梗长1.8~2.2cm；花粉红色或白色；中萼片卵状长圆形，长约1.4cm，宽约8mm，背面有龙骨状凸起；侧萼片三角状披针形，长约1.6cm，基部宽约1.0cm，背面具翅，与蕊柱足合生形成萼囊；花瓣近菱形，长约1.2cm，宽约7mm；唇瓣近卵形，长约1.4cm，宽约1.0cm，3裂；唇盘上具3条褶片，中央褶片伸达中裂片先端；蕊柱长约7mm；蕊柱足长约8mm。花期1~3月。

产于永泰、漳浦、平和。生于灌丛下岩石上，海拔300~600m。分布于广东、海南、香港。

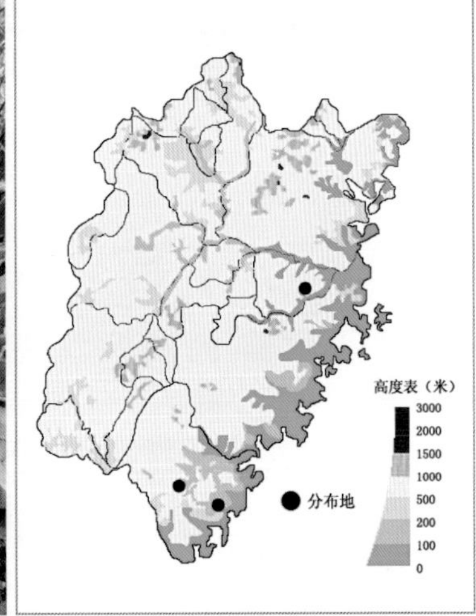

玫瑰宿苞兰

54. 牛齿兰属 *Appendicula* Bl.

附生或罕有地生草本。茎丛生，纤细，多节，常多少压扁，有时分枝，包藏于叶基部的鞘内。叶在茎上较紧密地2列互生，基部稍扭转以使叶面处于同一个平面上，有关节。总状花序侧生或顶生，通常较短，具少数至多数花；花小；花苞片宿存；中萼片离生，侧萼片与蕊柱足合生而形成萼囊；花瓣常略小于中萼片；唇瓣生于蕊柱足末端，略3裂或不裂，上面近基部处有1枚附属物；蕊柱短，具长而宽阔的蕊柱足；花药生于蕊柱背侧，直立；蕊喙大，直立，常2裂；花粉团蜡质，近棒状，6个，每3个为一群，具1个分叉的或2个分开的花粉团柄，附着于一个共同的黏盘上。

本属约60种，分布于亚洲热带地区至大洋洲。我国有4种。福建有1种。

牛齿兰

Appendicula cornuta Bl., Bijdr. 302.1825.

附生草本。茎直立或悬垂，圆柱形，不分枝，粗约2.5mm，节间长约1cm。叶狭卵状椭圆形或近长圆形，长2~3.5cm，宽约1cm，先端钝并有不等的2圆裂或凹缺，常具细尖。总状花序顶生或侧生，短于叶，具2~6朵花；花苞片披针形，常反折；花小，白色；中萼片椭圆形，长约3.5mm，宽约2mm，先端渐尖；侧萼片斜三角形，长4~5mm，与蕊柱足合生而成萼囊；花瓣卵状长圆形，长2.5~3mm，宽约1.5mm；唇瓣近长圆形，长3.5~4mm，边缘皱波状，上部具1枚肥厚的褶片状附属物，近基部具1枚膜片状附属物；蕊柱短，长约2mm；蕊柱足长2~2.5mm。花期7~8月。

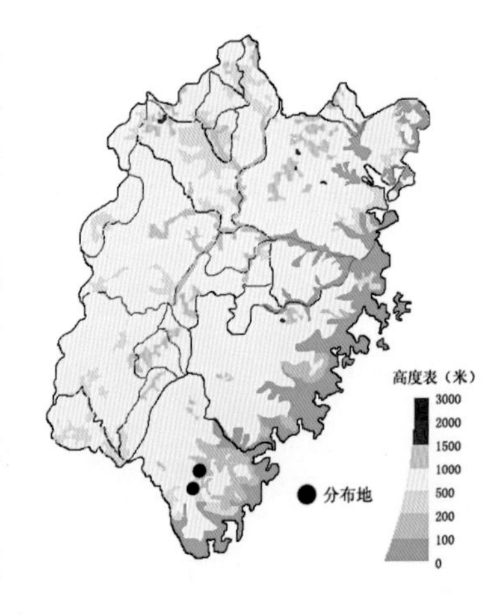

产于南靖、平和。生于林中岩石上或溪边岩壁上，海拔约400m。分布于广东、海南。柬埔寨、印度、印度尼西亚、马来西亚、缅甸、菲律宾、泰国、越南也有。

55. 石斛属 *Dendrobium* Sw.

通常为附生草本。茎丛生，肉质，通常近圆柱形，具多节，有时1至数个节间膨大成种形状，也有整个膨大成假鳞茎状。叶互生，扁平，或有时为近圆柱形或两侧压扁。总状花序常生于茎中部以上的节上，具少数至多数花，稀单花；萼片离生，近相似；侧萼片宽阔的基部着生在蕊柱足上，与唇瓣基部共同形成萼囊；唇瓣3裂或不裂，基部收狭为短爪或无爪，有时具距；蕊柱粗短，顶端两侧各具1枚蕊柱齿，具明显的蕊柱足；蕊喙很小；花粉团蜡质，4个，每2个成1对，几无附属物。

本属约1100种，从我国南部至东南亚和大洋洲，向西至印度，东到日本都有分布。我国有78种，产秦岭以南诸地，尤其云南南部为多。福建有4种。

分种检索表

1. 叶两侧压扁而呈短剑状 ………………………………… 4. 剑叶石斛 *D. spatella*
1. 叶常态，扁平。
　2. 茎下部常较细，向上增粗而呈稍扁的圆筒形 ……………… 1.石斛 *D. nobile*
　2. 茎上下一致的圆柱形。
　　3. 花白色；花苞片浅白色带褐色斑块；唇瓣基部带浅黄色斑块；药帽顶端不裂 ………………………………………………………… 2. 细茎石斛 *D. moniliforme*
　　3. 花淡黄色至绿色；花苞片无褐色斑块；唇瓣具1个紫红色斑块；药帽顶端2裂 ………………………………………………………… 3. 铁皮石斛 *D.catenatum*

1. 石斛

Dendrobium nobile Lindl., Gen. Sp. Orchid. Pl.: 79. 1830.

茎直立，长10~60cm，基部常较细，向上增粗而成稍扁的圆筒形，粗约1.5cm，节间长1.5~2.5cm。叶长圆形，长8~11cm，宽1~3cm，先端不等的2圆裂，基部下延为抱茎的鞘。总状花序侧生于茎中上部，具1~4朵花；花大，直径约7cm，白色，常在花被片先端带淡紫红色晕；唇瓣中央有紫红色大斑块；萼片相似，长圆状椭圆形，长约3.5cm；萼囊短而钝；花瓣椭圆形，与萼片近等长，较宽；唇瓣不裂，宽卵状长圆形，长2.5~3.5cm，边缘具短睫毛，两面密布短茸毛；蕊柱长约5mm，具蕊柱足；药帽密布细乳突，前端边缘具不整齐的尖齿。花期4~5月。

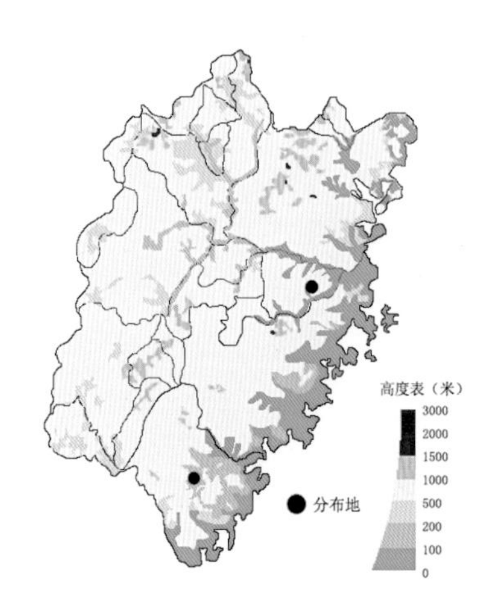

产于永泰、平和。生于林中树干上或岩壁上，海拔约600m。分布于广西、贵州、海南、香港、湖北、四川、台湾、西藏、云南。不丹、印度、老挝、缅甸、尼泊尔、泰国、越南也有。

2. 细茎石斛

Dendrobium moniliforme (L.) Sw., Nova Acta Regiae Soc. Sci. Upsal., ser. 2. 6: 85. 1799.
— *Epidendrum moniliforme* L., Sp. Pl. 2: 954. 1753.
— *Dendrobium wilsonii* Rolfe, Gard. Chron. III, 39: 185. 1906.

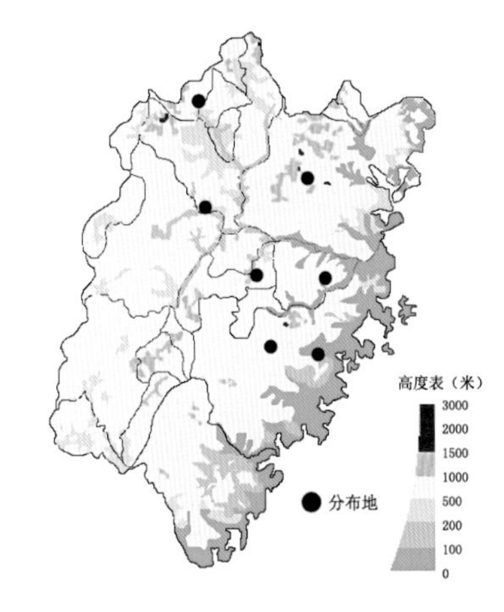

茎直立，长10~40cm，细圆柱形，上下一致。叶2列，互生，长圆状披针形，先端不等侧2裂或急尖而钩转，基部下延为抱茎的鞘。总状花序侧生于茎的上部，通常具1~3朵花；花黄绿色、黄白色或白色而有浅紫红色晕；花苞片干膜质，浅白色带褐色斑块；萼片相似，近长圆形，长1.5~4cm，宽0.3~1cm；萼囊近球形；花瓣较萼片稍宽；唇瓣卵状披针形，稍短于中萼片，略3裂；中裂片基部常有1枚胼胝体；侧裂片半圆形，边缘常具细锯齿；唇盘在两侧裂片之间被短柔毛；蕊柱长3~4cm；蕊柱足长1.5cm。花期4~6月。

产于屏南、永泰、德化、仙游、尤溪、顺昌、武夷山。生于林中树干上，海拔800~1200m。分布于安徽、甘肃、广东、广西、贵州、河南、湖南、江西、陕西、四川、台湾、云南、浙江。不丹、印度、日本、朝鲜半岛、缅甸、尼泊尔、越南也有。

3. 铁皮石斛

Dendrobium catenatum Lindl., Gen. Sp. Orchid. Pl. 84.1830.
—*D. officinale* Kimura & Migo., J. Shanghai Sci. Inst. 3: 122. 1936.
—*D. tosaense* Makino., J. Bot. 29: 383. 1891.

茎直立或悬垂，长10~50cm，圆柱形，上下一致，节间长1.3~4cm。叶2列，长圆状披针形，长4~7cm，宽0.5~1.5cm，先端钝且钩转，基部下延为抱茎的鞘，边缘和中脉常带淡紫色；叶鞘常具紫斑，老时鞘口张开，可看到1个环状铁青的间隙。总状花序侧生于茎的上部，具2~3朵花；花淡黄色至绿色；萼片和花瓣近相似，长圆状披针形，长约1.8cm，宽约5mm；侧萼片基部较宽阔，宽约1cm；萼囊圆锥形；唇瓣不裂或不明显3裂，卵状披针形，长1.3~1.7cm，白色，在中部以上具1个紫红色斑块，密布细乳突状的毛，基部具1枚胼胝体；蕊柱长3~4mm；蕊柱足长7~10mm。花期3~6月。

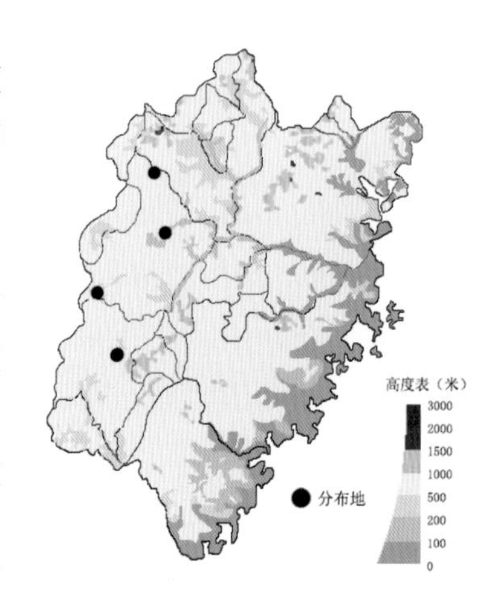

产于连城、宁化、将乐、邵武。生于山地半阴湿的岩石上，海拔约600m。分布于安徽、广西、四川、台湾、云南、浙江。日本也有。

4. 剑叶石斛

Dendrobium spatella Rchb. f., Hamburger Garten- Blumenzeitung 21: 298. 1865.

茎直立，长可达60cm，扁三棱形，具多节，节间长约1cm。叶套叠成2列，两侧压扁而呈短剑状，长2.5~4cm，宽约5mm，向上叶逐渐退化而成鞘状。花序侧生于茎的上部，甚短，具1~2朵花；花小，白色，直径约8mm；中萼片卵状长圆形，长约5mm，宽约2mm；侧萼片斜卵状三角形，长约9mm，宽约6mm；萼囊长约6mm；花瓣卵状长圆形，较中萼片狭；唇瓣近匙形，基部楔形，具爪，长8~10mm；蕊柱很短。花期9月。

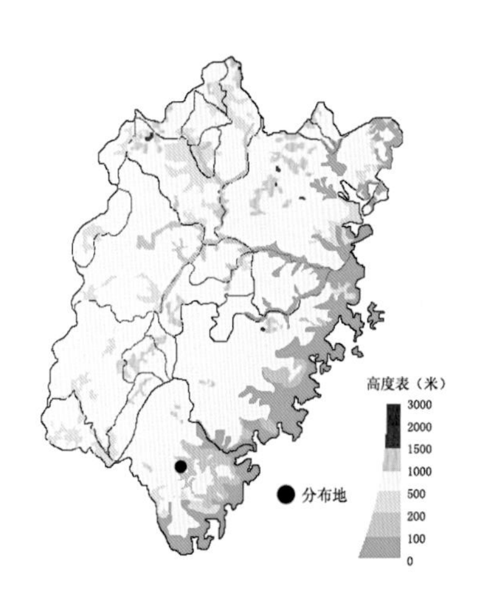

产于南靖。生于林中树干上或岩石上，海拔约300m。分布于广西、海南、香港、云南。不丹、柬埔寨、印度、老挝、缅甸、泰国、越南也有。

56.厚唇兰属 *Epigeneium* Gagnep.

附生或地生草本。根状茎匍匐，密被栗色或淡褐色鞘。假鳞茎疏生或密生于根状茎上，顶端具1~2枚叶。叶厚革质，基部具短柄或近无柄，有关节。花序生于两叶之间或叶侧，具1至数花；花较大；萼片离生，相似；侧萼片基部歪斜，贴生于蕊柱足上形成明显的萼囊；花瓣与萼片近等长，较狭；唇瓣贴生于蕊柱足末端，3裂或中部缢缩成前后唇，唇盘上面常具纵褶片；蕊柱短，两侧具翅，具蕊柱足；蕊喙半圆形，不裂；花粉团蜡质，4个，成2对，无附属物。

本属约35种，分布于我国南部至喜马拉雅地区和东南亚、新几内亚岛。我国有11种，多见于西南各地。福建有1种。

单叶厚唇兰

Epigeneium fargesii (Finet) Gagnep., Bull. Mus. Natl. Hist. Nat., sér. 2. 4: 595. 1932.
— *Dendrobium fargesii* Finet, Bull. Soc. Bot. France 50: 374. 1903.

假鳞茎彼此相距约1cm，斜生于根状茎上，近卵形，长约1cm，被栗色鞘，顶生1叶。叶厚革质，干后栗色，卵形或宽卵状椭圆形，长1~2.5cm，宽6~11mm，先端常微凹。花序短，具单花；花具近粉红色或橘红色萼片与花瓣以及白色唇瓣；中萼片卵形，长约1cm，宽约6mm；侧萼片斜卵形，长约1.5cm，宽约6mm，基部与蕊柱足合生成萼囊；花瓣较萼片小；唇瓣小提琴状，长约2cm，3裂，唇盘具2条纵向的龙骨脊；中裂片阔倒卵形，先端深凹，边缘多少波状；侧裂片直立；蕊柱长约5mm，具长达1.5cm的蕊柱足。花期4~5月。

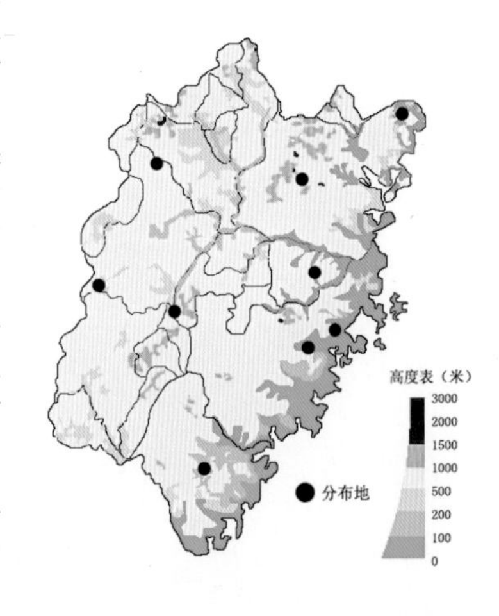

产于屏南、福鼎、永泰、莆田、仙游、平和、宁化、永安、邵武。生于岩石上，海拔700~1200m。分布于安徽、广东、广西、湖北、湖南、江西、四川、台湾、云南、浙江。不丹、泰国、越南也有。

57.石豆兰属 *Bulbophyllum* Thou.

附生草本，常具长而匍匐的根状茎，其上通常生有假鳞茎。假鳞茎聚生或疏离。叶常1枚，稀2~3枚，顶生于假鳞茎或直接从根状茎上发出。花葶从假鳞茎基部或根状茎上抽出；花序通常为总状或伞形，具1至多花；萼片相似或侧萼片明显较长，侧萼片离生或一侧边缘的上部或下部彼此不同程度地合生，基部贴生于蕊柱足形成萼囊；花瓣常较萼片小；唇瓣不裂或3裂，基部与蕊柱足末端连接，活动或不活动；蕊柱短，具翅，基部延伸为明显的蕊柱足；花粉团蜡质，4个，成2对，无附属物，有时附着于黏质物上。

本属约1900种，主要分布于新旧大陆热带地区。我国有103种，主要产于长江流域及其以南各地。福建有12种。

分种检索表

1. 花序具单花 ……………………………………………… 1.芳香石豆兰 *B. ambrosia*
1. 花序具2至多数花。
  2. 中萼片和花瓣顶端具芒 ………………………… 7.直唇卷瓣兰 *B. delitescens*
  2. 中萼片和花瓣顶端不具芒。
    3. 假鳞茎在根状茎上聚生 ………………………… 6.齿瓣石豆兰 *B. levinei*
    3. 假鳞茎在根状茎上疏生。
      4. 侧萼片等长或略长于中萼片，长度不超过中萼片的1倍。
        5. 花葶与假鳞茎近等高 ……………………2.短足石豆兰 *B. stenobulbon*
        5. 花葶高出假鳞茎之上。
          6. 花序柄较粗壮，粗1~3mm；鞘宽筒状，长8~10mm，宽松地抱于花序柄 ……………………………… 3. 密花石豆兰 *B. odoratissimum*
          6. 花序柄纤细，粗约0.5mm；鞘狭筒状，长4~6mm，紧抱于花序柄。
            7. 侧萼片基部部分贴生在蕊柱足上；花瓣狭披针形，先端长渐尖；蕊柱足长约0.5mm，其分离部分几不可见 ……………………………………………… 4. 广东石豆兰 *B. kwangtungense*
            7. 侧萼片基部完全贴生在蕊柱足上；花瓣卵状披针形，先端短急尖；蕊柱足长约2mm，其分离部分长0.8~1mm …………………………………………………… 5.伞花石豆兰 *B. shweliense*
      4. 侧萼片明显长于中萼片，长度常超过它的1倍。
        8. 唇瓣中部以上收狭为细圆柱形，先端呈拳卷状 …………………………………………………… 8.瘤唇卷瓣兰 *B. japonicum*

8. 唇瓣不为上述情形。
  9. 中萼片与花瓣边缘密生腺乳突状附属物 ………………………………………………………………………… 10. 城口卷瓣兰 *B. chondriophorum*
  9. 中萼片与花瓣边缘具睫状缘毛或流苏。
    10. 侧萼片先端渐成尾状 ………… 11. 斑唇卷瓣兰 *B. pecten-veneris*
    10. 侧萼片先端不为尾状。
      11. 两侧萼片离生 ………………… 9. 毛药卷瓣兰 *B. omerandrum*
      11. 两侧萼片基部上方扭转而下侧边缘彼此合生 ……………………………………………… 12. 紫纹卷瓣兰 *B. melanoglossum*

1. 芳香石豆兰

Bulbophyllum ambrosia (Hance) Schltr., Repert. Spec. Nov. Regni Veg. Beih. 4: 247. 1919.

假鳞茎狭椭圆形或圆筒形，稍压扁，长2~4cm，粗3~10mm，相距4~8cm疏生在根状茎上。叶1枚，狭椭圆形或长圆形，长4~9.5cm，宽0.8~2cm，先端钝且微凹；花葶1~2个，从假鳞茎一侧基部发出，略长于假鳞茎，顶生1朵花；花淡黄色带紫色；中萼片近长圆形，长约1cm，宽4~5mm；侧萼片斜卵状三角形，长约1cm，宽约8mm，中部以上扭曲，顶端骤尖呈喙状，基部贴生于蕊柱足而形成宽钝的萼囊；花瓣三角形，长约6mm；唇瓣近椭圆形，长6~8mm，肉质，外弯，基部具凹槽，与蕊柱足末端连接，上面具1~2条肉质褶片；蕊柱短，蕊柱足长约6mm。花期4~5月。

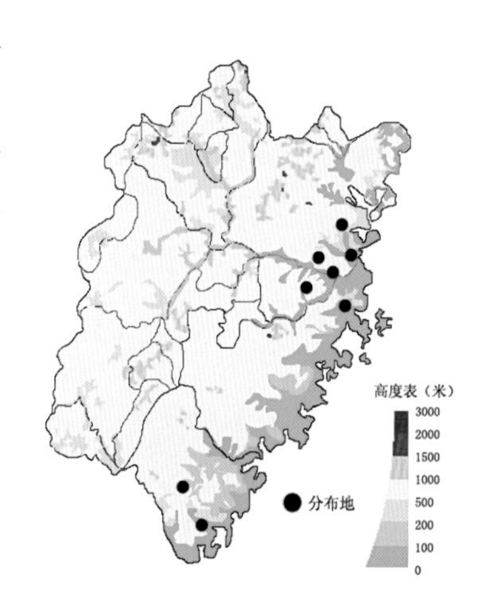

产于罗源、连江、福州、闽侯、永泰、福清、平和、云霄。生于林中树干上或溪边林缘岩石上，海拔1000m以下。分布于广东、广西、海南、云南。越南也有。

2. 短足石豆兰

Bulbophyllum stenobulbon E. C. Parish & Rchb. f., Trans. Linn. Soc. London. 30: 153. 1874.

假鳞茎卵状圆筒形，长1.3~2.0cm，粗3~6mm，相距1.5~3cm疏生在根状茎上。叶1枚，长圆形，长1.5~4cm，宽8~12mm，先端圆钝且微凹。花葶1~2个，从假鳞茎基部发出，长1.4~2cm；总状花序缩短，伞状，具2~4朵花；花淡黄色，萼片和花瓣橘黄色；萼片离生，质地较厚；中萼片狭披针形，长约5mm，基部宽约1.5mm，中部以上两侧边缘多少内卷；侧萼片狭披针形，比中萼片稍长，基部贴生在蕊柱足上，中部以上两侧边缘内卷；花瓣卵形，长约2mm，宽约1mm；唇瓣舌状或卵状披针形，长约2mm，平展，先端圆钝，基部具凹槽，背面密生细乳突，上面常具3条纵脊，两侧的脊常增粗而高；蕊柱长约1mm；蕊柱齿钻状，长约0.5mm；蕊柱足长约1mm，其分离部分长约0.3mm。花期5~6月。

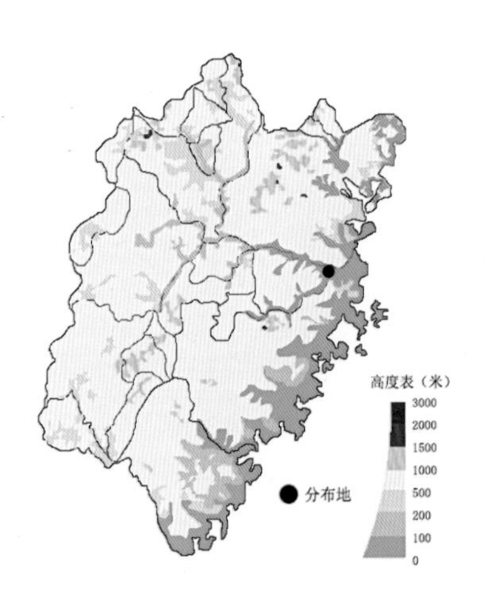

产于福州。生于溪边林缘岩壁上，海拔约400m。分布于广东、贵州、云南。不丹、印度、老挝、缅甸、泰国、越南也有。

3. 密花石豆兰

Bulbophyllum odoratissimum (Sm.) Lindl., Gen. Sp. Orchid. Pl.: 55. 1830. — *Stelis odoratissima* Sm., Cycl. 34: 12. 1814.

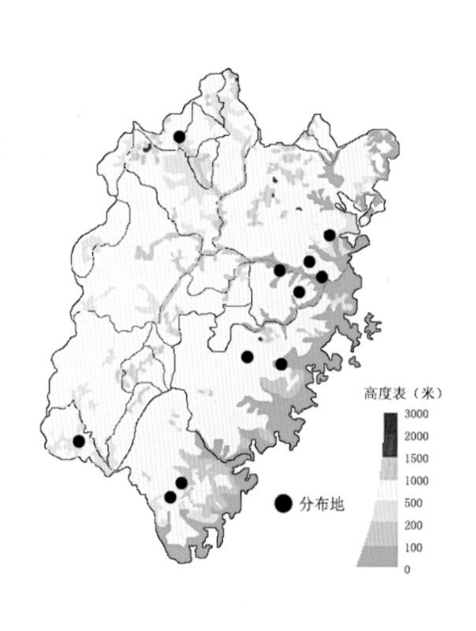

假鳞茎卵状长圆形，长1.1~2.7cm，宽3~7mm，相距4~8cm疏生在根状茎上。叶1枚，长圆形，长1.9~5.5cm，宽0.8~1.8cm，先端钝且微凹。花葶1~2个，从假鳞茎一侧基部发出，与叶近等高；总状花序缩短，伞状，密生10余朵花；花序柄粗1~3mm，被3~4枚膜质鞘；鞘宽筒状，长8~10mm，宽松地抱于花序柄；花稍有香气，具白色的萼片和花瓣以及橘红色的唇瓣；萼片离生，披针形；中萼片长约7mm，宽约2mm；侧萼片长1~1.2cm，宽约2mm；花瓣近卵形，长约1mm；唇瓣舌形，肉质，略长于花瓣，基部具短爪并且与蕊柱足末端连接，边缘具白色腺毛，上面具2条密生细乳突的龙骨脊；蕊柱粗短；蕊柱齿短钝，呈三角形或牙齿状；蕊柱足长约1mm，其分离部分长约0.5mm。花期5~7月。

产于罗源、闽清、闽侯、福州、永泰、仙游、德化、平和、南靖、上杭、武夷山。生于林下或溪边林缘岩石上，海拔700m以下。分布于广东、广西、四川、西藏、云南。不丹、印度、老挝、缅甸、尼泊尔、泰国、越南也有。

4. 广东石豆兰

Bulbophyllum kwangtungense Schltr., Repert. Spec. Nov. Regni Veg. 19: 381. 1924.

假鳞茎近长圆形，长1.2~1.7cm，粗约5mm，相距2~7cm疏生在根状茎上。叶1枚，长圆形，长1.9~2.1cm，宽6~7mm。花葶1~2个，从假鳞茎基部一侧发出，远高出叶外；总状花序缩短，伞状，具2至数朵花；花序柄粗约0.5mm，疏生3~5枚鞘；鞘膜质，筒状，长约5mm，紧抱于花序柄；花淡黄色；中萼片狭披针形，长约8mm；侧萼片较中萼片稍长，基部部分贴生于蕊柱与蕊柱足上；花瓣狭卵状披针形，长约4mm，先端长渐尖；唇瓣狭披针形，肉质，长约1.5mm，唇盘上具3条细的龙骨脊至前部汇合成1条粗脊；蕊柱长约0.5mm；蕊柱齿牙齿状，长约0.2mm；蕊柱足长约0.5mm，其分离部分几不可见。花期4月。

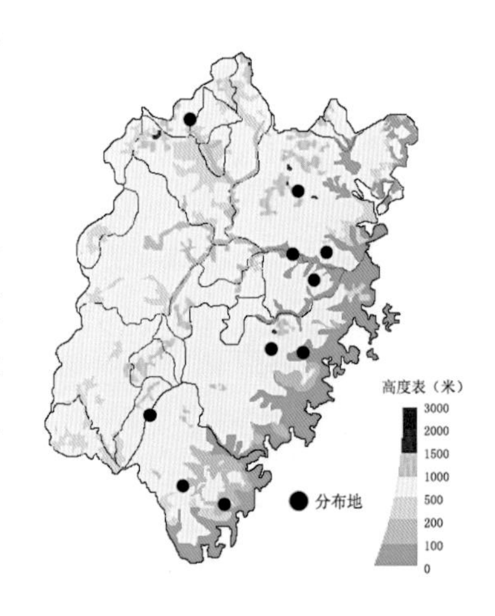

产于屏南、闽清、闽侯、永泰、仙游、德化、漳浦、平和、龙岩、武夷山。生于林下或溪边岩石上，海拔200~1200m。分布于广东、广西、贵州、湖北、湖南、江西、云南、浙江。

5. 伞花石豆兰

Bulbophyllum shweliense W. W. Sm., Notes Roy. Bot. Gard. Edinburgh. 13: 191. 1921.

假鳞茎卵状圆锥形，长1~1.8cm，粗约5mm，相距2~5cm疏生在根状茎上。叶1枚，长圆形，长2~4cm，宽6~10mm。花葶1~2个，从假鳞茎基部发出，高3~4.5cm，稍低或稍高出叶外；总状花序缩短，伞状，具4~10朵花；花序柄粗约0.5mm，被3~4枚膜质鞘；鞘筒状，长4~5mm，紧抱于花序柄；花橙黄色；萼片近相似，披针形，长约7mm，宽约2mm；侧萼片基部完全贴生在蕊柱足上而形成萼囊；花瓣卵状披针形，长约3mm，先端短急尖；唇瓣舌状或卵状披针形，肉质，长2~3mm，基部凹陷；蕊柱长约1mm；蕊柱齿钻状，长约0.5mm；蕊柱足长约2mm，其分离部分长0.8~1mm。花期7~8月。

产于德化、平和、云霄、建宁。生于溪边岩石上。分布于广东、云南。泰国、越南也有。

6. 齿瓣石豆兰 *Bulbophyllum levinei* Schltr., Repert. Spec. Nov. Regni Veg. 19: 381. 1924.

假鳞茎狭圆锥形或卵球形，长6~13mm，粗3~7mm，在根状茎上聚生。叶1枚，薄革质，狭长圆形或倒卵状披针形，长1.5~6.3cm，宽4~11mm。花葶从假鳞茎基部发出，高3~5cm；总状花序缩短，伞状，具4~6朵花；花质地薄，白色而有紫色晕；萼片离生；中萼片卵状披针形，长约5mm，宽约1mm，边缘具细齿；侧萼片斜卵状披针形，长5~7mm，与中萼片近等宽，基部贴生在蕊柱足上而形成萼囊，边缘全缘；花瓣卵状披针形，长3~4mm，边缘具细齿；唇瓣披针形，长约2mm，基部与蕊柱足末端连接；蕊柱短；蕊柱齿丝状，长约0.5mm；蕊柱足长约1.5mm，其分离部分长约0.5mm。花期8~9月。

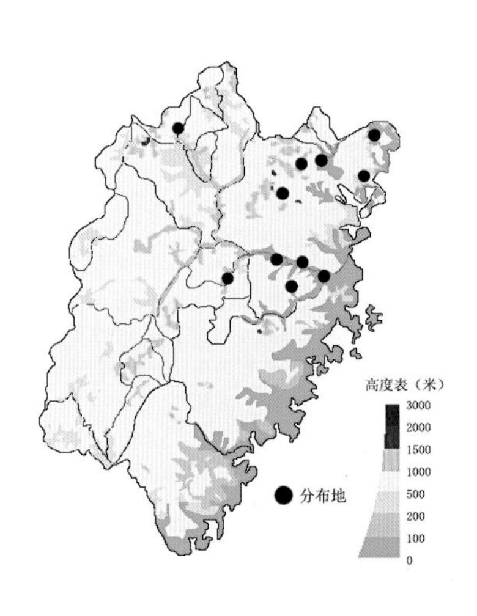

产于福鼎、福安、周宁、霞浦、屏南、闽清、闽侯、福州、永泰、尤溪、武夷山。生于溪边林下岩石上，海拔400~900m。分布于广东、广西、湖南、江西、云南、浙江。越南也有。

7. 直唇卷瓣兰

Bulbophyllum delitescens Hance , J. Bot. 14: 44. 1876.

假鳞茎狭卵形或近圆筒形，长1.7~3cm，粗约7mm，相距3~11cm疏生在根状茎上。叶1枚，革质，长圆形、椭圆形或倒卵状长圆形，长7~12cm，宽2.6~4cm；叶柄长2~3cm。花葶从假鳞茎基部一侧发出，长10~22cm；伞形花序常具2~4朵花；花紫红色；中萼片卵形，长约9mm，宽约3mm，先端具1条芒；侧萼片狭披针形，长约6cm，基部贴生与蕊柱足上，边缘彼此黏合，先端长渐尖；花瓣镰状披针形，长约6mm，宽约1.5mm，先端具1条短芒；唇瓣舌状，肉质，长约5mm，外弯，基部具凹槽并与蕊柱足末端连接；蕊柱短；蕊柱齿伸延成臂状，长约3mm；蕊柱足长约5mm，其分离部分长约3mm。花期7~8月。

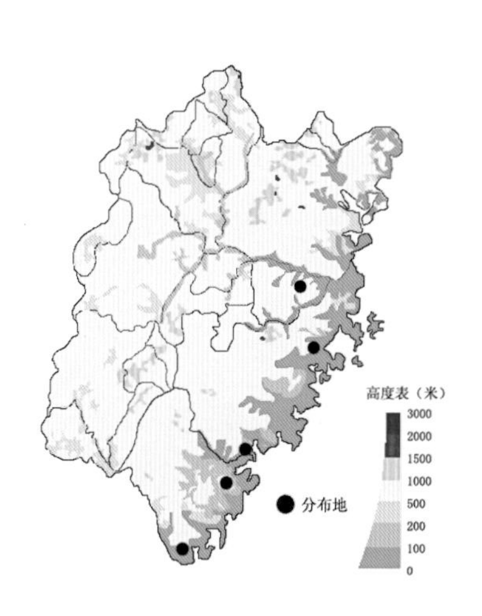

产于永泰、莆田、厦门、龙海、诏安。生于溪边林下岩石上，海拔500m以下。分布于广东、海南、西藏、云南。印度、越南也有。

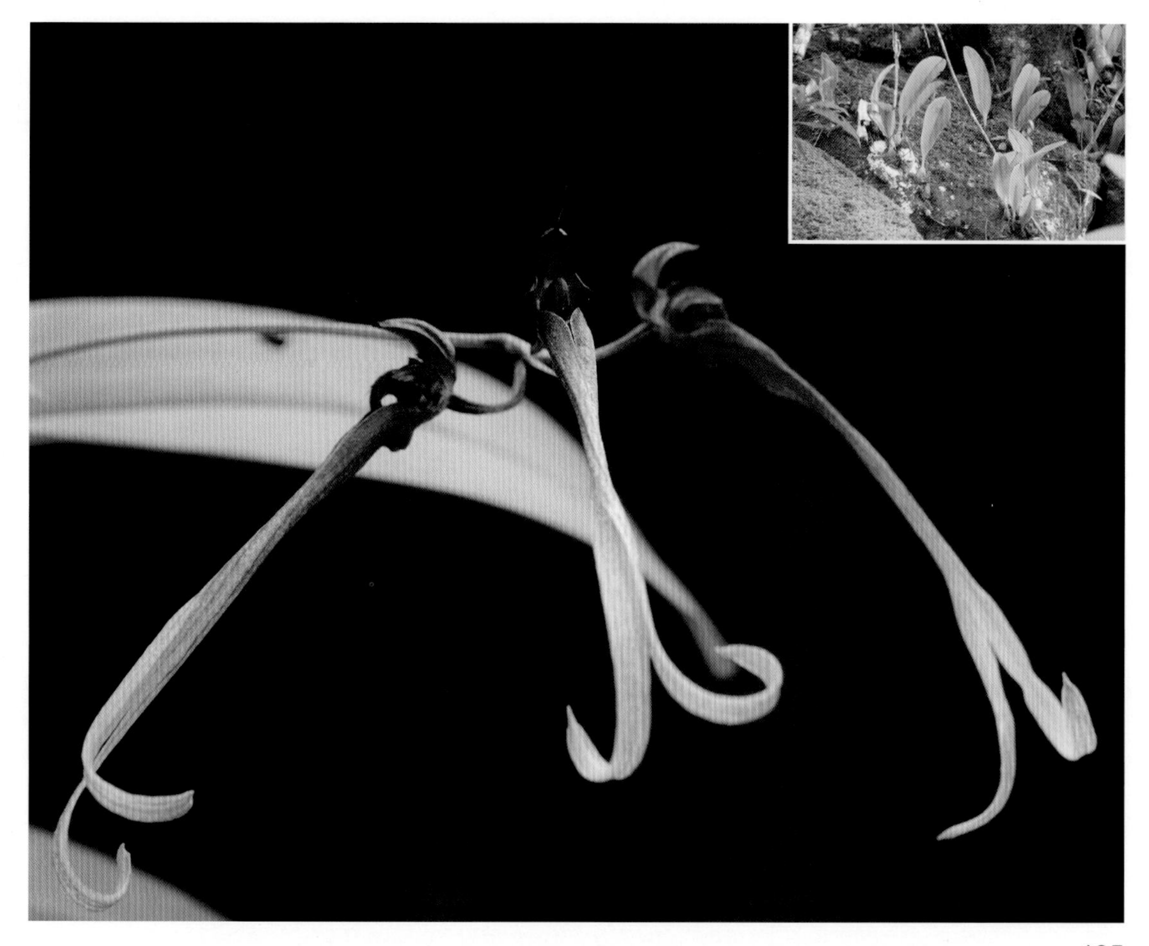

8. 瘤唇卷瓣兰

Bulbophyllum japonicum (Makino) Makino, Bot. Mag. Tokyo 24: 31. 1910. — *Cirrhopetalum japonicum* Makino, Ill. Fl. Jap. 1(7): t. 42. 1891.

假鳞茎卵球形，长5~13mm，中部粗4~8mm，相距7~18cm疏生在根状茎上。叶1枚，革质，长圆形或斜长圆形，长3~4.5cm，宽4~9mm，先端锐尖，基部渐狭为柄。花葶从假鳞茎基部抽出，高2~3cm；伞形花序具3~5朵花；花梗连子房长约5mm；花淡紫红色；中萼片卵状椭圆形，长约3mm，宽约1.5mm；侧萼片披针形，长约5mm，宽约2mm，近基部扭转，上下侧边缘彼此靠合；花瓣近匙形，较中萼片稍短；唇瓣舌状，向外下弯，长约3mm，中部以上收狭为细圆柱状，先端黄色，扩大呈拳卷状；蕊柱长约1mm；蕊柱齿钻状，长0.8mm；蕊柱足长约1mm，其分离部分长约0.5mm。花期7月。

高度表（米）
3000
2000
1500
1000
500
200
100
0
● 分布地

产于屏南、福州、永泰、南靖、武夷山。生于溪边林缘岩石上，海拔200~800m。分布于广东、广西、湖南、台湾。日本也有。

9. 毛药卷瓣兰

Bulbophyllum omerandrum Hayata, Icon. Pl. Formosan. 4: 50. 1914.

假鳞茎卵状球形，长0.7~1.4cm，宽4~8mm，相距1.5~4cm疏生在根状茎上。叶1枚，长圆形，长1.5~5.5cm，宽7~13mm，先端钝且微凹，基部近无柄。花葶从假鳞茎基部抽出，通常长5~6cm；伞形花序具2~3朵花；花黄色；中萼片卵形，长1~1.4cm，宽5~7mm，先端钝且稍被毛；侧萼片披针形，长1.6~3cm，宽3~5mm，基部贴生在蕊柱足上，边缘全缘；花瓣卵状三角形，长约5mm，宽约3mm，边缘具流苏；唇瓣舌形，长5~7mm，基部与蕊柱足末端连接而形成活动关节，边缘具睫毛，近先端两侧面疏生细乳突；蕊柱长约4mm；蕊柱齿三角形，长约1mm，先端急尖呈尖牙齿状；蕊柱足弯曲，长约5mm，其分离部分长约2mm；药帽前缘具短流苏。花期3~4月。

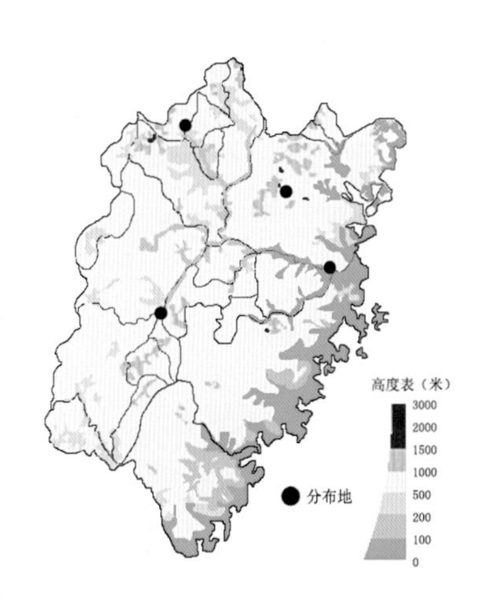

产于屏南、福州、永安、武夷山。生于溪边林下岩石上，海拔200~700m。分布于广东、广西、湖北、湖南、台湾、浙江。

10. 城口卷瓣兰

Bulbophyllum chondriophorum (Gagnep.) Seidenf., Dansk Bot. Ark. 29 (1): 53. 1974.
— *Cirrhopetalum chondriophorum* Gagnep., Bull. Soc. Bot. France 78: 4. 1931.
— *Bulbophyllum quadrangulum* Z. H. Tsi., Bull. Bot. Res., Harbin 1: 114. 1981.

假鳞茎卵形，长约7mm，粗约4mm，相距约1cm疏生在根状茎上。叶1枚，革质，长圆形或倒卵状长圆形，长1.5~3.5cm，宽约6mm，先端钝且微凹。花葶从假鳞茎基部一侧发出，长2~3cm；总状花序缩短，伞状，具2~3朵花；花黄色；中萼片卵状长圆形，长4~5mm，宽约2mm，边缘除基部以外密生腺乳突状附属物；侧萼片斜卵形，长7~8mm，中部宽约2mm，两侧萼片的下侧边缘彼此合生；花瓣卵状长圆形，长3~4mm，宽约1mm，边缘密生腺乳突状附属物；唇瓣舌状，长约2.5mm，基部具凹槽；蕊柱长约1.5mm；蕊柱齿三角形，很小；蕊柱足长2mm，其分离部分长约1mm。花期6月。

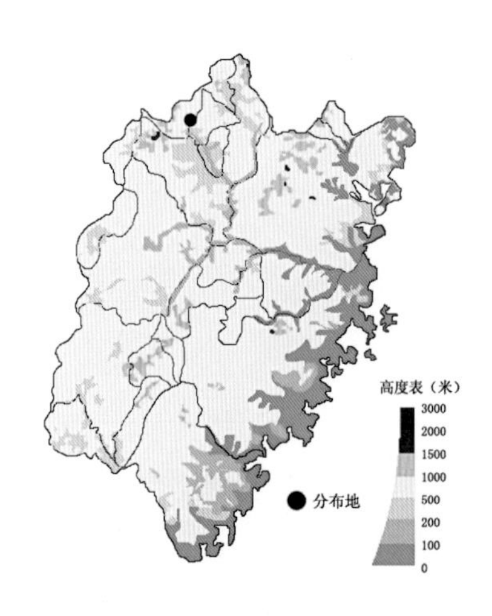

产于武夷山。生于林中树干上，海拔约700m。分布于重庆、陕西、四川、浙江。

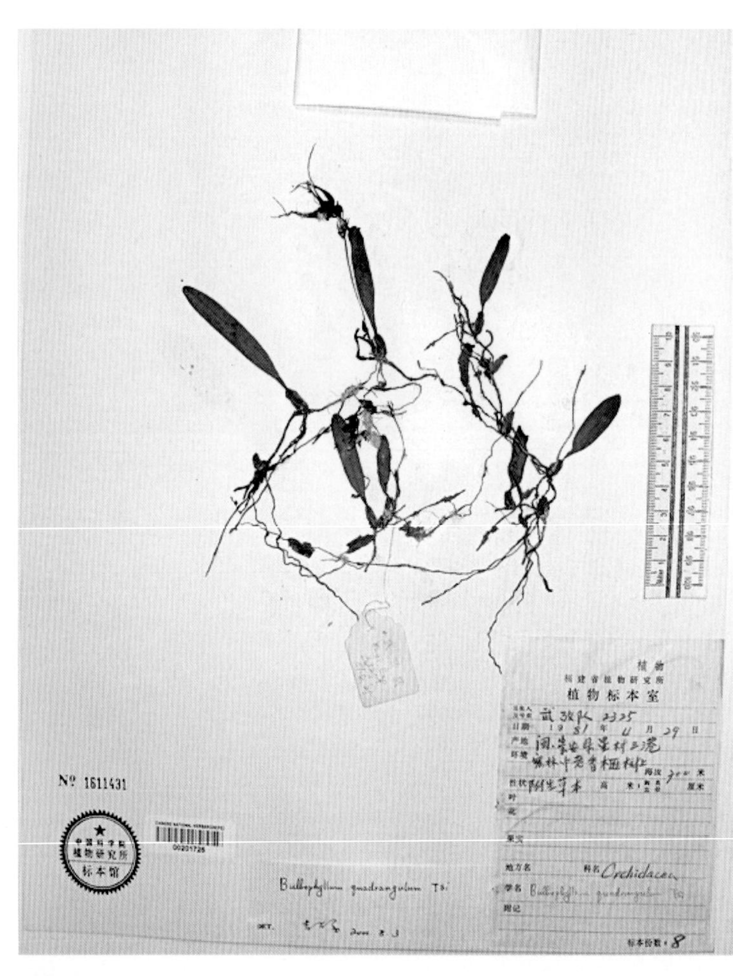

11. 斑唇卷瓣兰

Bulbophyllum pecten-veneris (Gagnep.) Seidenf., Dansk Bot. Ark. 29 (1): 37. 1973.
— *Cirrhopetalum pecten-veneris* Gagnep., Bull. Soc. Bot. France 78: 6. 1931.
— *Bulbophyllum flaviflorum* (T. S. Liu & H. J. Su) Seidenf., Bull. Mus. Natl. Hist. Nat., Sér. 3, Bot. 71(5): 109 1972 publ. 1973.

假鳞茎卵球形，长5~8mm，粗约5mm，相距5~10mm疏生在根状茎上。叶1枚，厚革质，长椭圆形或卵形，长2.3~5.5cm，宽8~19mm。花葶从假鳞茎基部一侧发出，长约10cm；伞形花序具3~8朵花；花橙红色或黄色；中萼片卵形，长约6mm，宽约2.5mm，先端急尖而成细尾状，边缘具流苏状长缘毛；侧萼片狭披针形，长约3.5cm，宽约2mm，先端长尾状，基部贴生在蕊柱足上，并在基部上方扭转而上下侧边缘彼此合生，边缘内卷，向先端渐狭为长尾状的筒，近先端处分开；花瓣斜卵圆形，长4mm，宽约1.5mm，边缘具缘毛；唇瓣舌状，长约2.5mm；蕊柱长约2mm；蕊柱齿钻状，长约1mm；蕊柱足向上弯曲，长约2mm，其分离部分长约0.5mm。花期8~10月。

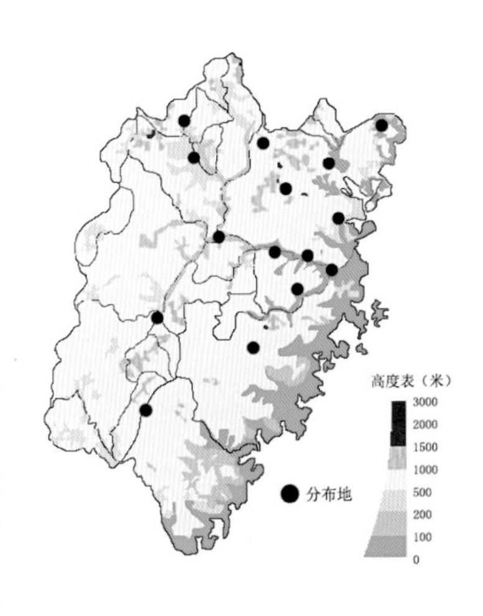

产于福鼎、福安、屏南、罗源、闽清、闽侯、福州、永泰、德化、龙岩、永安、南平、政和、建阳、武夷山。生于溪边林缘岩石上，海拔200~700m。分布于安徽、广西、海南、香港、湖北、台湾。老挝、越南也有。

12. 紫纹卷瓣兰

Bulbophyllum melanoglossum Hayata, Icon. Pl. Formosan. 4: 49, 1919.

假鳞茎卵球形，长约1.5cm，粗约1.2cm，相距1~6cm疏生在根状茎上。叶1枚，线状长圆形，长约6cm，宽约1cm。花葶从假鳞茎基部抽出，高7~12cm，黄绿色而有紫红色斑点；伞形花序具数朵花；花淡黄色，密布紫红色条纹；中萼片卵形，长约4mm，具缘毛；侧萼片狭披针形，长约1.2cm，具5条脉，基部贴生于蕊柱足上，近基部扭转，其上部与下部边缘多少合生而形成貌似筒状的合萼片；花瓣卵圆形，长约3mm，具缘毛；唇瓣舌状，长约1.5mm，基部与蕊柱足末端连接；蕊柱黄色，长约1.5mm；蕊柱足长约2mm；药帽黄色，前端近截形，具细乳突。花期7~8月。

产于福州、南靖。生于林中树干上或沟谷岩石上，海拔约300m。分布于海南、台湾。

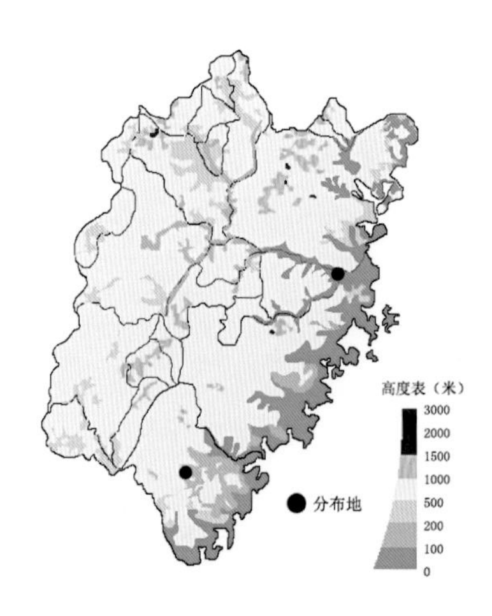

58. 带叶兰属 *Taeniophyllum* Bl.

附生草本，小型。茎短，几不可见，无绿叶，具许多长而伸展的气生根；气生根圆柱形或扁平，紧贴于树干或枝条表面，雨季常呈绿色。总状花序侧生，1~4个，短，直立，具少数花；花苞片宿存；花小，常开放约1天；萼片和花瓣离生或中部以下合生成筒；唇瓣不裂或3裂，基部具距，先端有时具倒向的针刺状附属物；蕊柱粗短；花粉团蜡质，4个，彼此分离，具1个共同的黏盘柄和1个长圆形或椭圆形的黏盘。

本属在120~180种之间，分布于非洲和亚洲热带地区至大洋洲，向北到达我国南部、日本和朝鲜半岛南部。我国有3种，产南方诸省区。福建有1种。

带叶兰 *Taeniophyllum glandulosum* Bl., Bijdr. 356. 1825.

根稍扁而弯曲，长2~10cm，粗1~1.5mm，伸长而伏贴于树干上，如蜘蛛状。总状花序1~4个，长1~1.5cm，具1~4朵小花；花苞片2列，质地厚，卵状披针形，长约1mm，先端近锐尖；花梗连子房长约2mm；花小，黄绿色；萼片和花瓣在中部以下合生成筒状，上部离生；中萼片卵状披针形，长约2.5mm，宽约1mm，上部稍外折，先端近锐尖，背面中脉呈龙骨状隆起；侧萼片与中萼片近等大，背面具龙骨状的中脉；花瓣卵形，较萼片稍短，先端锐尖；唇瓣卵状披针形，长2~2.5mm，先端具1个倒钩的刺状附属物，基部在距口前缘具1个肉质横隔；距囊状，长1~1.5mm；蕊柱短，具1对蕊柱臂。花期7~8月。

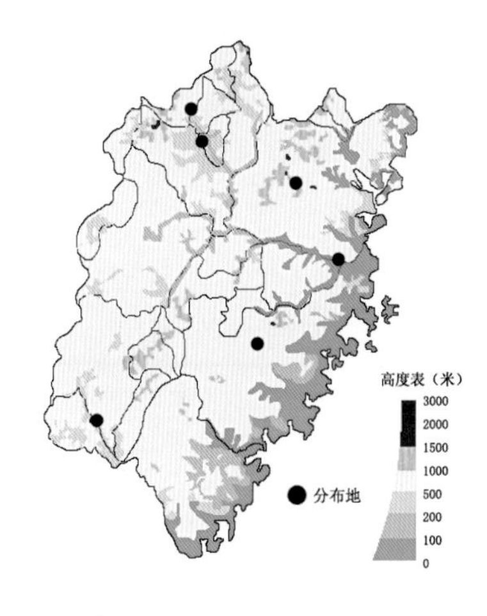

产于屏南、福州、德化、上杭、建阳、武夷山。生于林中树干上，海拔300~700m。分布于广东、海南、湖南、四川、台湾、云南。印度、印度尼西亚、日本、朝鲜半岛、马来西亚、巴布亚新几内亚、泰国、越南、澳大利亚也有。

59. 蛇舌兰属 *Diploprora* Hook. f.

附生草本。茎细长而悬垂，圆柱形或稍扁，偶见分枝。叶2列，扁平，具关节和抱茎的鞘。总状花序侧生，具少数花；花稍肉质，不扭转，开展；萼片相似，背面中脉呈龙骨状凸起；花瓣较萼片狭；唇瓣肉质，舟形，中部以上强烈收狭成尾状，先端叉状2裂，上面纵贯1条龙骨状的脊，基部无距；蕊柱短，无蕊柱足；花粉团蜡质，4个，近球形，不等大的2个为1对，具1个共同的黏盘柄和1个卵形的黏盘。

本属有2种，分布于中国、印度、缅甸、斯里兰卡、泰国、越南。我国有1种，也产福建。

蛇舌兰

Diploprora championii (Lindl. ex Benth.) Hook. f., Fl. Brit. India. 6: 26. 1890. — *Cottonia championii* Lindl. ex Benth., Hooker's J. Bot. Kew Gard. Misc. 7: 35. 1855.

茎长达40cm。叶纸质，斜长圆形或镰刀状披针形，长4.5~10cm，宽1~2.5cm，先端锐尖。总状花序与叶对生，长5~6.5cm，具3~5朵花；花序轴略呈“之”字形曲折；花淡黄色，唇瓣白色而带玫瑰色；萼片相似，长圆形或椭圆形，长约9mm，宽约4mm，背面中脉呈龙骨状凸起；花瓣线状长圆形，较萼片小；唇瓣长5~8mm，舟形，3裂，唇盘上具1条肥厚的脊；中裂片较长，向先端骤然收狭而成叉状2尾；侧裂片直立，近方形；蕊柱短，长约2mm。花期4~6月。

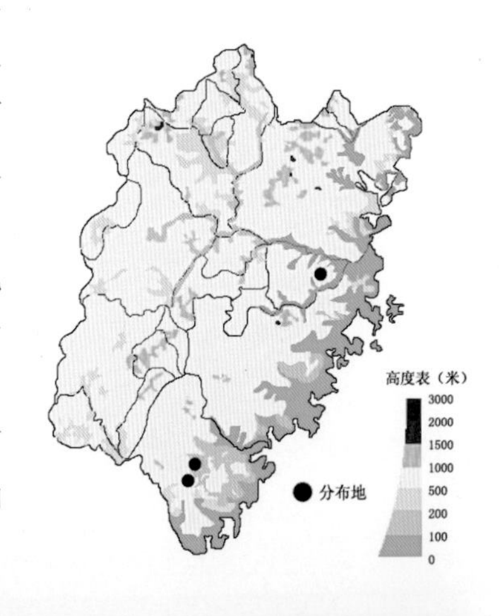

产于永泰、南靖、平和。生于溪边林中树干上或岩石上，海拔200~600m。分布于广西、香港、台湾、云南。印度、缅甸、斯里兰卡、泰国、越南也有。

60. 脆兰属 *Acampe* Lindl.

附生草本。茎粗而长，有时分枝，具多节，下部节上具较粗壮的气根。叶2列，狭长，先端2圆裂，基部具关节和抱茎的鞘。花序腋生或与叶对生，不分枝或有时具短分枝，具多数花；花不扭转，唇瓣在上方，质地厚而脆，近直立；萼片离生，近等大；花瓣与萼片相似，但较狭小；唇瓣不裂或3裂，贴生于蕊柱足末端，基部具囊状短距；距内背壁上常具1条纵向脊突，距口常被短毛；蕊柱粗短，具短的蕊柱足；花粉团蜡质，4个，成2对；花粉团柄线形，粗厚；黏盘小，卵形。

本属约10种，分布于我国南部至喜马拉雅地区和东南亚，也见于非洲热带与亚热带地区。我国有3种。福建有1种。

多花脆兰

Acampe rigida (Buch.-Ham. ex Sm.) P. F. Hunt, Kew Bull. 24: 98. 1970.
— *Aerides rigida* Buch.-Ham. ex Sm., Cycl. 39: 12.1818.

茎粗壮，长可达100cm，不分枝，为交互套叠的叶鞘被覆盖。叶狭长圆形或带形，长20~40cm，宽4~5cm，先端2圆裂。花序长10~20cm，不分枝或有时具短分枝，具多数花；花黄色带紫褐色横纹，具香气；萼片相似，近长圆形，长约1cm，宽约5mm，背面略具龙骨状凸起；花瓣狭倒卵形，长约9mm，宽约3mm；唇瓣长圆形，稍短于花瓣，3裂；中裂片卵状舌形，近直立，边缘稍波状并具缺刻；侧裂片近方形，与中裂片垂直；距圆锥形，长约3mm，内壁被密毛；蕊柱粗短，长约2.5mm。花期8~9月。

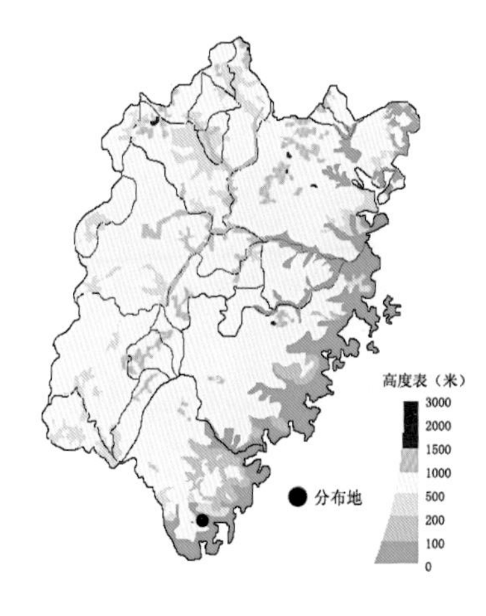

产于云霄。生于林中树干上，海拔约100m。分布于广东、广西、贵州、海南、台湾、云南。不丹、柬埔寨、印度、老挝、马来西亚、缅甸、尼泊尔、斯里兰卡、泰国、越南至热带非洲也有。

61. 匙唇兰属 *Schoenorchis* Bl.

附生草本。茎下垂或斜立，有时分枝，具数节至多节。叶扁平或对折而成半圆柱形，中下部或基部常对折呈“V”字形，先端2浅裂或不裂，基部具关节和抱茎的鞘。总状花序或圆锥花序侧生，具多数小花；花不甚张开；萼片相似，背面常具龙骨状脊；花瓣较萼片小；唇瓣3裂，基部具距；中裂片呈匙形；侧裂片直立；距常平行于子房；蕊柱短，两侧具翅，无蕊柱足；蕊喙2裂，长钻状；花粉团蜡质，4个，近球形，每不等大的2个成一对，具1个共同的黏盘柄，附着于1个狭椭圆形至卵形的黏盘上。

本属约24种，分布于热带亚洲至澳大利亚和太平洋岛屿。我国有3种。福建有1种。

匙唇兰

Schoenorchis gemmata (Lindl.) J. J. Sm., Natuurk. Tijdschr. Ned.-Indië. 72: 100. 1912.
— *Saccolabium gemmatum* Lindl., Edwards's Bot. Reg. 24 (Misc.): 50. 1838.

茎下垂，长5~20cm，不分枝，具多枚叶。叶线状圆柱形，长4~13cm，宽5~13mm，先端钝且2~3小裂；圆锥花序从近茎顶端叶腋发出，长4~13cm，密生多数小花；花白色而带有紫色晕，不甚开展；中萼片卵形，长1.5~2.2mm，宽约1mm；侧萼片稍斜卵形，长2~2.5mm，宽约1.2mm，背面中脉稍呈龙骨状；花瓣倒卵状楔形，长1.1~1.5mm，宽约1mm，先端截形而其中央凹缺；唇瓣3裂；中裂片匙形，向前伸展，长2~2.5mm，宽约2mm，先端钝，基部具短爪；侧裂片半卵形，长1.5mm，宽约1mm；距圆锥形，长约2mm；蕊柱长约0.8mm。花期4~5月。

产于南靖。生于山地林中树干上，海拔约300m。产于广西、海南、香港、西藏、云南。不丹、柬埔寨、印度、老挝、尼泊尔、缅甸、泰国、越南也有。

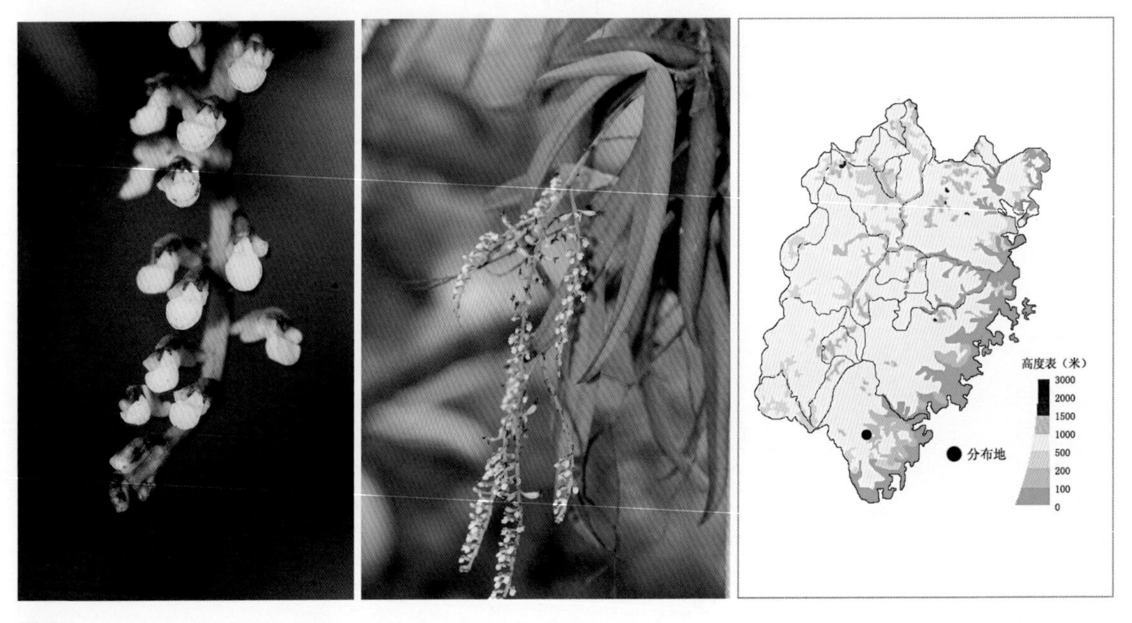

62. 钻柱兰属 *Pelatantheria* Ridl.

附生草本。茎细长，具多节，为叶鞘所包，有时具分枝，具多数紧密排成2列的叶。叶扁平，稀半圆柱形，先端钝，中部以下常呈“V”字形对折，基部具关节和叶鞘。总状花序从叶腋长出，很短，具少数花；花小，肉质，开展；萼片相似，花瓣较小；唇瓣3裂，基部具距；中裂片大，向前伸展，上面中央增厚呈垫状；侧裂片小，直立；距狭圆锥形，内面具1条纵向隔膜，背壁上方具1个附属物；蕊柱粗短，先端具2条长而弯曲的蕊柱齿；蕊喙短小；花粉团蜡质，4个，成2对，近球形；黏盘柄短而宽；黏盘新月状。

本属约5种，分布于喜马拉雅热带地区，南至苏门答腊岛，北至朝鲜半岛与日本。我国有4种。福建有1种。

蜈蚣兰

Pelatantheria scolopendrifolia (Makino) Aver., Bot. Zhurn. (Moscow & Leningrad). 73: 432. 1988.
— *Sarcanthus scolopendrifolius* Makino, Ill. Fl. Japan 1(7): t. 40. 1891.
— *Cleisostoma scolopendrifolium* (Makino) Garay., Bot. Mus. Leafl. 23: 174.1972.

植株匍匐于岩石或树干上。茎纤细，粗约1.5mm。叶2列互生，半圆柱形，多少两侧对折，长5~8mm，粗约1.5mm，先端钝，基部具长约5mm的鞘。花序侧生，通常短于叶，具1~2朵花；花苞片卵形，先端稍钝；花浅肉色或近白色而有淡红色晕；中萼片卵状长圆形，长约3mm，宽约1.5mm，先端钝；侧萼片斜卵状长圆形，与中萼片近等长而较宽；花瓣近长圆形，较中萼片小；唇瓣3裂；中裂片舌状三角形，先端急尖，中央具1条与距内隔膜相连的褶片；侧裂片近三角形，直立；距近球形，距口下缘具1环乳突状毛，内面背壁上胼胝体马蹄状，不与隔膜相连；蕊柱粗短，长约1.5mm，基部具短的蕊柱足。花期7~8月。

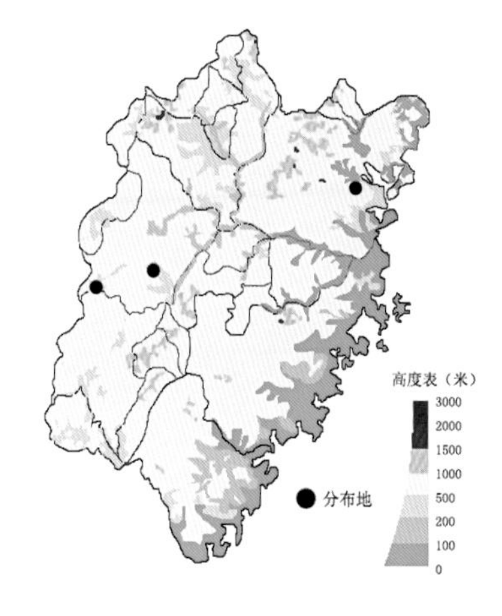

产于宁德、宁化、明溪。生于树干或岩壁上，海拔600m以下。分布于安徽、江苏、山东、四川、浙江。朝鲜半岛和日本也有。

63. 隔距兰属 *Cleisostoma* Bl.

附生草本。茎直立或下垂，少有匍匐。叶2列，扁平或圆柱状，基部具关节和叶鞘。总状花序或圆锥花序侧生、腋生或与叶对生，常具较多的小花；花小，稍肉质；萼片离生；侧萼片常歪斜；花瓣常较萼片小；唇瓣3裂，基部具囊状的距，唇盘常具纵褶片或脊突；距内具纵隔膜或罕有纵隔膜退化为狭脊，在距内背壁上方具1枚形状多样的胼胝体，前壁在距口处常具凸起而封闭距口；蕊柱粗短，常呈金字塔状，具或不具蕊柱足；花粉团蜡质，近球形，4个，每不等大的2个为1对，具1个共同的黏盘柄，附着于1个小黏盘上。

本属约100种，分布于热带亚洲至大洋洲。我国有17种和1变种，主要产于南方各地。福建有2种和1变种。

分种检索表

1. 叶圆柱形 ……………………………3.广东隔距兰 *C. simondii* var. *guangdongense*
1. 叶扁平。
    2. 叶先端锐尖，不裂，近先端处缢缩 …………… 1. 尖喙隔距兰 *C. rostratum*
    2. 叶先端钝且不等侧2裂，近先端处不缢缩…… 2.大序隔距兰 *C. paniculatum*

1.尖喙隔距兰

Cleisostoma rostratum (Lodd. ex Lindl.) Garay, Bot. Mus. Leafl. 23: 174. 1972.
—— *Sarcanthus rostratus* Lodd. ex Lindl., Coll. Bot. t. 39B. 1826.

茎伸长，近圆柱形，长20~45cm，有时有分枝。叶多枚，2列互生，狭披针形，长9~15cm，宽7~13mm，先端急尖，近先端处骤然缢缩而向先端收窄。总状花序短于叶，疏生多数花；萼片和花瓣黄绿色带紫红色条纹；中萼片近椭圆形，舟状，长5~5.5mm，宽2~2.5mm，先端锐尖，具3条脉；侧萼片稍斜倒卵形，较中萼片宽，先端钝，具3条脉；花瓣近长圆形，长约4mm，宽2mm，先端钝，具3条脉；唇瓣3裂；中裂片狭卵状披针形，先端渐尖而翘起，基部两侧无伸长的裂片；侧裂片直立，近三角形，先端骤然变尖为钻状；距漏斗状，近等长于萼片，具不甚发达的隔膜，内面背壁上方具长圆形的胼胝体；胼胝体两侧具很短的角状物，中央纵向凹下，基部浅2裂，无毛；蕊柱长2mm。花期7~8月。

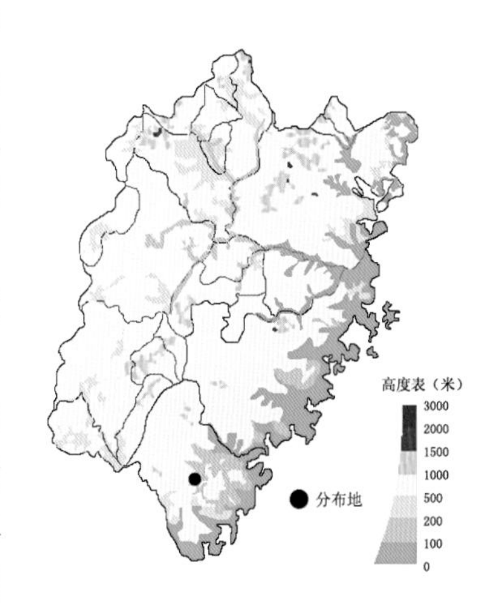

产于平和。生于林下岩壁上，海拔约300m。分布于广西、贵州、海南、香港、云南。柬埔寨、老挝、泰国、越南也有。

2.大序隔距兰

Cleisostoma paniculatum (Ker Gawl.) Garay, Bot. Mus. Leafl. 23 : 173. 1972.
— *Aerides paniculata* Ker Gawl., Bot. Reg. 3: t. 220. 1817.

茎直立，扁圆柱形，长达20cm或过之，有时有分枝。叶多枚，2列互生，狭长圆形，长10~25cm，宽 8~20mm，先端钝且不等侧2裂。圆锥花序明显长于叶，具多数花；花苞片小，长约1mm；萼片与花瓣淡黄绿色，有2条褐色粗条纹，唇瓣黄色；中萼片椭圆形，长约4.5mm，宽约2mm；侧萼片斜长圆形，较中萼片宽；花瓣较萼片稍小；唇瓣3裂；中裂片先端向上、内弯并呈倒喙状，基部两侧向后伸长为钻形裂片；侧裂片三角形；唇盘上具1条与距内隔膜相连的褶片；距圆筒状，长约5mm，内面背壁上方具长方形肼胝体；肼胝体中央纵向凹陷，基部稍2裂且密布乳突状毛；蕊柱粗短，长约3mm。花期6~8月。

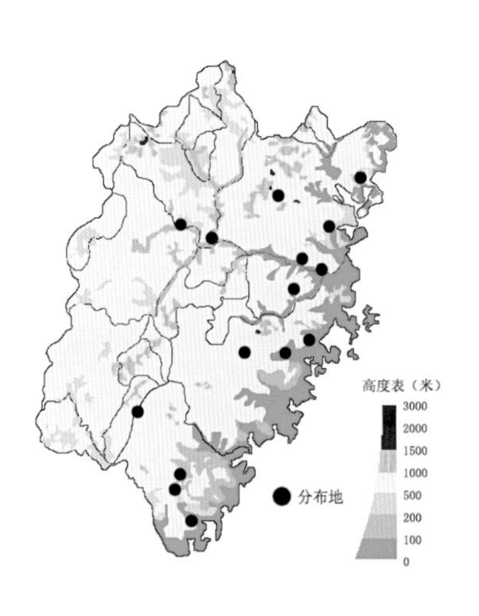

产于屏南、霞浦、罗源、闽侯、福州、永泰、莆田、仙游、德化、南靖、平和、云霄、龙岩、南平、顺昌。生于林中树干上、林缘或沟谷林下岩石上，海拔700m以下。分布于广东、广西、海南、江西、四川、台湾、西藏。越南也有。

大序隔距兰

3. 广东隔距兰

Cleisostoma simondii (Gagnep.)Seidenf. var. *guangdongense* Z. H. Tsi, Bull. Bot. Res., Harbin.3 (4): 84, fig. 1 (5~6). 1983.

茎细长，常有分枝，具多叶。叶圆柱形，长7~12cm，直径约3mm。总状花序常比叶长，具10余朵花；花淡黄绿色，萼片与花瓣带紫红色脉纹；中萼片长圆形，长约6mm，宽约2.2mm，先端钝；侧萼片椭圆状长圆形，长约5mm，宽约2.8mm；花瓣近倒卵状长圆形，长约5mm，宽约2.5mm；唇瓣3裂；中裂片卵状三角形；侧裂片近三角形；距近球形，内面背壁上方具四方形的胼胝体；胼胝体为中央凹陷的四边形，上下两端的4个角状物均向前伸展；蕊柱长约3mm，基部具白色髯毛。花期10~12月。

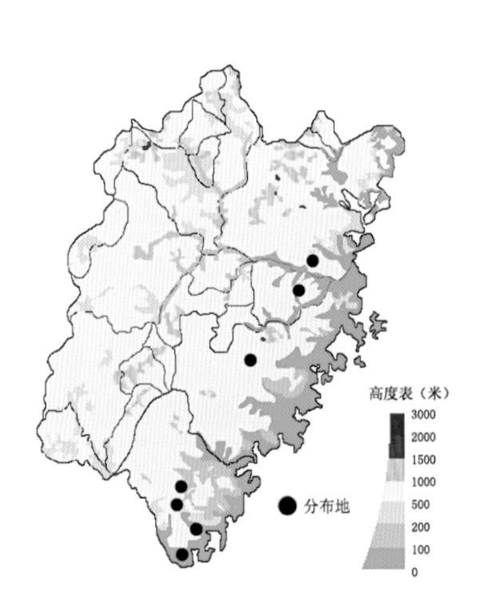

产于闽侯、永泰、德化、南靖、平和、诏安、云霄。生于林中树干上或林下岩石上，海拔600m以下。分布于广东、海南。

64. 白点兰属　*Thrixspermum* Lour.

附生或极罕地生草本。茎直立或下垂，有时攀缘状。叶扁平，密生而斜立于短茎或较疏散地互生在长茎上。总状花序侧生，常数个，具少数至多数花；花小至中等大，常在半天或至多2~3天后凋萎；花苞片宿存，或2列生于扁平的花序轴上，或非2列生于圆柱状的花序轴上；萼片和花瓣相似；唇瓣3裂，贴生在蕊柱足上，基部凹陷成囊，囊的前面内壁上常具1枚胼胝体；侧裂片直立，中裂片较厚；蕊柱短，具宽阔的蕊柱足；花粉团蜡质，近球形，4个，每不等大的2个一群，具1个共同的黏盘柄，附着于1个黏盘上。

本属约100种，分布于热带亚洲至大洋洲。我国有14种。福建有5种。

分种检索表

1. 花苞片2列。
  2. 叶小，长2~6cm，宽4~8mm；花苞片彼此紧靠 … 4.小叶白点兰 *T. japonicum*
  2. 叶大，长7~14cm，宽1.2~2.5cm；花苞片彼此疏离 ……5.白点兰 *T. centipeda*
1. 花苞片非2列。
  3. 花朵彼此紧靠，陆续开放，花寿命约半天………3.台湾白点兰 *T. formosanum*
  3. 花朵疏生，同时开放，花寿命持续数天。
    4. 唇盘基部上具1枚密布金黄色毛的胼胝体…… 1.长轴白点兰 *T. saruwatarii*
    4. 唇盘基部上无胼胝体，具1簇紫色毛…… 2. 黄花白点兰 *T. laurisilvaticum*

1.长轴白点兰

Thrixspermum saruwatarii (Hayata) Schltr., Repert. Spec. Nov. Regni Veg. Beih. 4: 275. 1919.
— *Sarcochilus saruwatarii* Hayata, Icon. Pl. Formosan. 6: 84. 1916.

附生草本。茎向上，短于3cm。叶近基生，长圆状镰刀形，长2~10cm，宽7~15mm，先端不等的2裂。总状花序常下垂，长5~8cm，疏生2~4朵花；花苞片彼此疏离，非2列，宽卵状三角形，长2~3mm；花乳黄色或白色，有时有紫色晕或浅棕色条纹，可开放6~7天；中萼片椭圆形，长6~8mm，宽3~4mm；侧萼片稍斜卵形，与中萼片近等大；花瓣狭椭圆形，长8mm，宽2.5mm；唇瓣3裂，基部囊状；中裂片肉质，小，齿状；侧裂片直立，椭圆形；唇盘上具1枚密布金黄色毛的胼胝体；蕊柱长3mm；蕊柱足约4mm。花期6~7月。

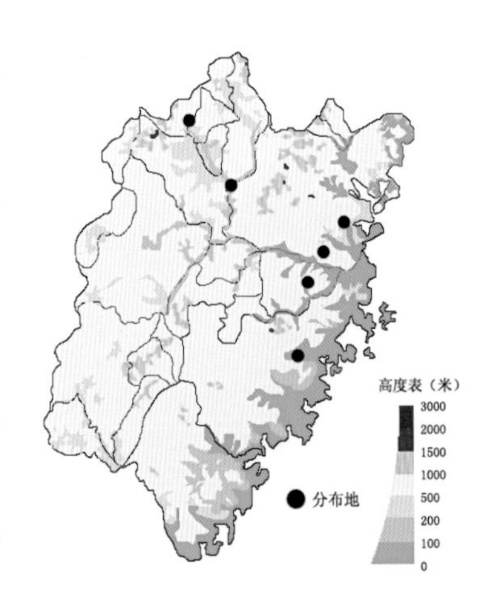

产于罗源、永泰、仙游、闽侯、建瓯、武夷山。生于溪边林中树干上，海拔600m以下。分布于台湾。

2. 黄花白点兰

Thrixspermum laurisilvaticum Fukuy. Garay, Bot. Mus. Leafl. 23: 207. 1972.
— *Sarcochilus laurisilvaticus* Fukuy. Bot. Mag. (Tokyo) 52: 246. 1938.

附生草本。茎向上，通常短于3cm。叶近基生，椭圆形至线状长圆形，有时镰刀状，长2~8cm，宽0.7~1.5cm，先端急尖。总状花序长2~4cm，疏生2~4朵花；花苞片彼此疏离，非2列，卵圆形，长2~3mm；花奶黄色或淡黄色，同时开放；中萼片椭圆形，长6~8mm，宽4~5mm；侧萼片斜卵圆形，长6~7mm，宽4~5mm；花瓣近长圆状匙形，长6~7mm，宽2~3mm；唇瓣3裂，基部囊状，唇盘不具胼胝体，具1簇紫色毛；中裂片小，具短尖头；侧裂片直立，斜镰刀状长圆形，长6~7mm；蕊柱长约3mm，蕊柱足约4mm。花期4~5月。

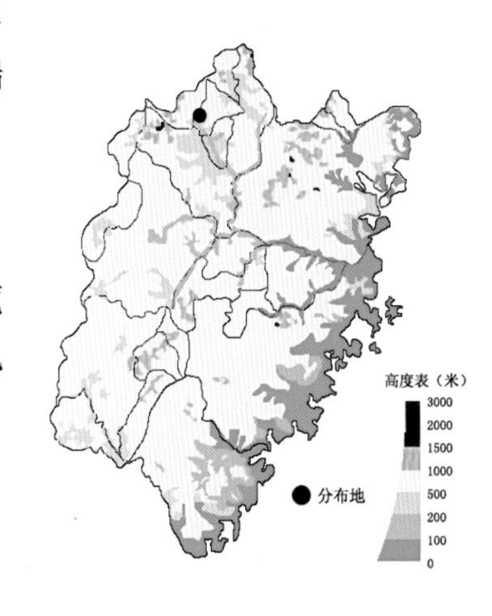

产于武夷山。生于林中树干上。分布于湖南、台湾。日本、越南也有。

3. 台湾白点兰

Thrixspermum formosanum (Hayata) Schltr., Repert. Spec. Nov. Regni Veg. Beih. 4: 273. 1919.
— *Sarcochilus formosanus* Hayata, J. Coll. Sci. Imp. Univ. Tokyo 30(1): 336. 1911.

附生草本。茎近斜立，长1~2cm。叶近基生，狭长圆形，近斜立或稍向外弯，长3~4cm，宽4~5mm，先端锐尖且稍2裂。总状花序侧生于茎的基部，长4~6cm，通常只有1~2朵花开放；花序轴短，纤细，向上变粗；花苞片非2列，宽卵状三角形，长约1mm；花白色，具香气，逐渐开放，寿命约半天；中萼片椭圆形，长约6mm，宽约3mm；侧萼片斜卵状椭圆形，较中萼片稍大；花瓣镰刀状长圆形，长约5mm，宽约2mm；唇瓣3裂，长4~5mm，基部具长约4mm的囊；中裂片不明显，其上密布白毛；侧裂片直立，近卵形，长约3mm，内面具棕紫色斑点；唇盘被长毛并具1枚肉质鳞片状的附属物；蕊柱长约2mm，蕊柱足长约2mm。花期3~5月。

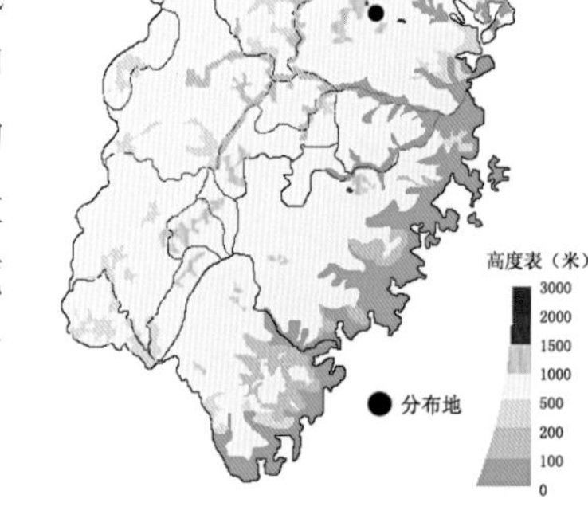

产于屏南。生于林中树干上，海拔约300m。分布于广西、海南、台湾。越南也有。

4. 小叶白点兰

Thrixspermum japonicum (Miq.) Rchb. f., Bot. Zeit. (Berlin). 36: 75. 1878.
— *Sarcochilus japonicus* Miq., Ann. Mus. Bot. Lugduno-Batavi 2: 206. 1866.

附生草本。茎纤细，长2~13cm，具多节，密生多数2列互生的叶。叶长圆形或倒披针形，长2~6cm，宽4~8mm，先端2裂。总状花序2至多个，与叶对生，长3~5cm，常具4朵花；花苞片2列，彼此疏离，长约2.5mm，先端钝尖；花白色或淡黄色；中萼片长圆形，长5~7mm，宽2~3mm；侧萼片卵状披针形，与中萼片近等长而稍宽；花瓣狭长圆形，长4~5mm，宽约1.5mm；唇瓣3裂，基部具长约1mm的爪，唇盘基部稍凹陷，被密毛；中裂片小，半圆形，背面多少呈圆锥状隆起；侧裂片长圆形，近直立而向前弯曲；蕊柱粗短，具蕊柱足。花期9~10月。

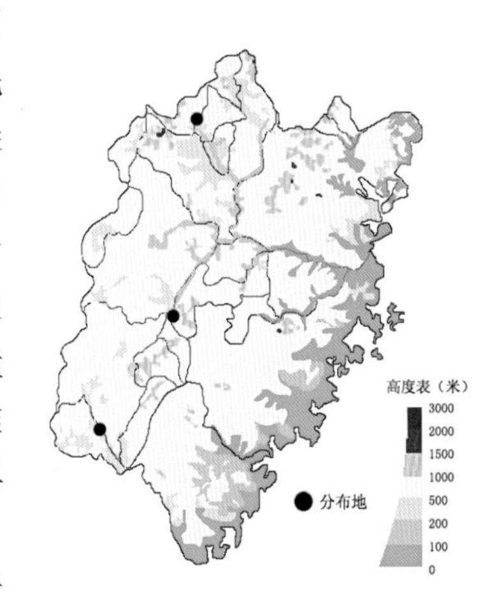

产于上杭、永安、武夷山。生于沟谷、溪边的林缘树干上，海拔约700m。分布于台湾、湖南、广东、四川、贵州。日本也有。

5. 白点兰

Thrixspermum centipeda Lour., Fl. Cochinch. 2: 520. 1790.

附生草本。茎斜立或下垂，长可达20cm，具多节。叶2列互生，长圆形，长7~14cm，宽1.2~2.5cm，先端钝并具不等的2裂。总状花序常数个，与叶对生，具少数花；花苞片2列，彼此紧靠，长5~6mm，两侧对折呈牙齿状，背面具翼状龙骨；花白色或奶黄色，不甚开展，寿命约3天；萼片相似，线状披针形，长3~4.5cm，基部宽2.5~5.5mm，先端长渐尖；花瓣与萼片相似，略小；唇瓣3裂，基部凹陷呈浅囊，唇盘中央具1枚胼胝体；中裂片近狭三角形；侧裂片半卵形；蕊柱极短，具蕊柱足。花期8月。

产地不详（本种据《福建植物志》记载）。生于山谷或林中树干上。分布于广西、海南、香港、云南。柬埔寨、印度、印度尼西亚、老挝、马来西亚、缅甸、泰国、越南也有。

65.异型兰属 *Chiloschista* Lindl.

附生草本，常不具茎与叶，具多数长而扁的绿色根。总状花序常下垂；花小，迅速凋萎；萼片和花瓣相似，侧萼片和花瓣常贴生于蕊柱足上；唇瓣3裂，基部以1个活动的关节着生在蕊柱足末端，具囊或距；中裂片短小，其上面具密布茸毛的龙骨脊或胼胝体；侧裂片直立，较大；蕊柱短，具长的蕊柱足；蕊喙很小；药帽两侧各具1条丝状的附属物；花粉团蜡质，4个，每不等大的2个为1对，具近线形的黏盘柄。

本属约10种，分布于我国南部至印度、东南亚和澳大利亚。我国有3种。福建有1种。

广东异型兰

Chiloschista guangdongensis Z. H. Tsi, Acta Phytotax. Sin.22: 481. 1984.

茎极短，具许多扁平、长而弯曲的根。总状花序1~2个，长1.5~6cm，下垂，疏生数朵花；花序轴和花序柄密被硬毛；花苞片膜质，卵状披针形，长3~3.5mm，先端急尖，无毛；花梗和子房长约5mm，密被短柔毛；花黄色，无毛；中萼片卵形，长约5mm，宽3mm，先端圆形，具5条脉；侧萼片近椭圆形，与中萼片近等大，先端圆形，具4条脉；花瓣与中萼片近相似稍小，具3条脉；唇瓣3裂，以1个关节与蕊柱足末端连接；中裂片卵状三角形，先端圆形，上面在两侧裂片之间稍凹陷并且具1个海绵状球形的附属物；侧裂片半圆形，与中裂片近等大；蕊柱长约1.5mm，基部扩大，具长约3mm的蕊柱足。花期3~4月。

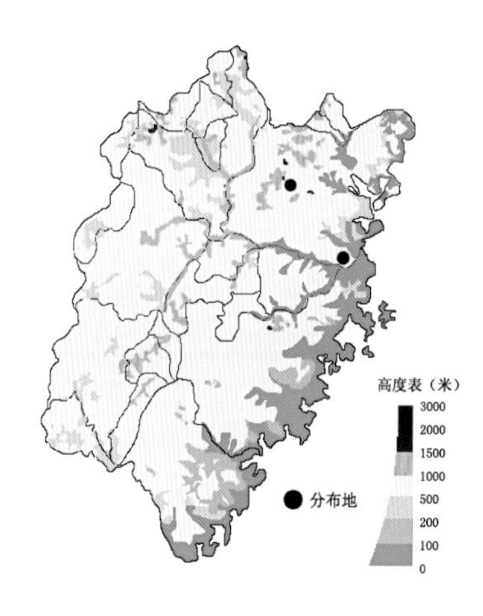

产于屏南、福州。生于林中树干上，海拔300~600m。分布于广东北部。

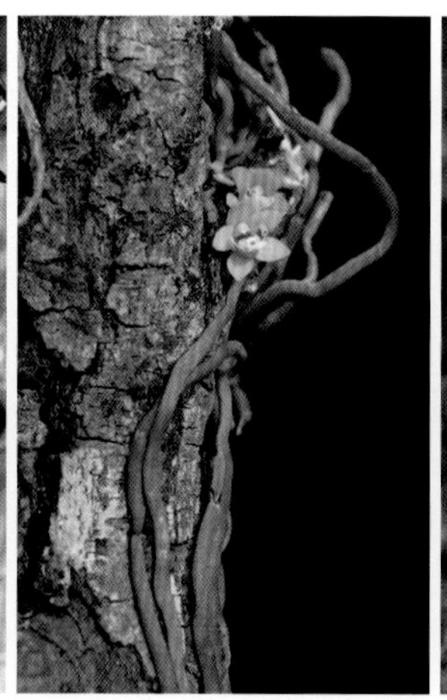

66. 寄树兰属 *Robiquetia* Gaud.

附生草本。茎坚硬，悬垂，有时有分枝。叶2列，扁平，长圆形，先端2圆裂或斜截而具不整齐的缺刻，基部具关节和抱茎的鞘。花序侧生，分枝或不分枝，具许多小花；萼片相似；花瓣较萼片小；唇瓣3裂，基部具距；距圆筒形或中部缢缩而末端膨大呈拳卷状，内侧背壁和腹壁上分别具1个胼胝体；蕊柱粗短，无蕊柱足；蕊喙先端2裂；花粉团蜡质，近球形，2个，每个具半裂的裂隙；黏盘柄细长，弯曲，两侧常对折而中央呈沟槽状；黏盘小。

本属约40种，分布从喜马拉雅地区至澳大利亚和太平洋西南群岛，部分种类延伸至我国南部。我国有2种。福建有1种。

寄树兰

Robiquetia succisa (Lindl.) Seidenf. & Garay, Bot. Tisskr. 67: 119. 1972.
— *Sarcanthus succisus* Lindl., Bot. Reg. 12: t. 1014. 1826.

茎圆柱形，长可达100cm，疏生多叶，下部节上具发达而分枝的根。叶2列，长圆形，长6~9.2cm，宽0.9~2.5cm，先端2裂，裂口边缘啮蚀状。圆锥花序与叶对生，长8~15cm，常分枝，具多数花；萼片与花瓣淡黄色或黄绿色，唇瓣白色而有紫色晕；中萼片宽卵形，凹陷，长3~5mm，宽2~4mm；侧萼片斜宽卵形，与中萼片近等大；花瓣宽倒卵形，长2~2.5mm，宽约2mm；唇瓣3裂；中裂片狭长圆形，中央具1对合生的高脊突；侧裂片耳状，边缘稍波状；距长3~4mm，中部缢缩而下部扩大成拳卷状；蕊柱长约3mm。花期7~9月。

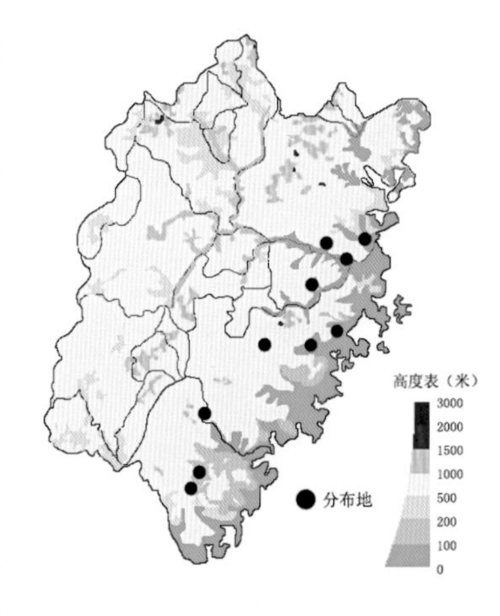

产于连江、福州，闽侯，永泰，莆田、仙游、德化、南靖、平和、华安。生于林缘树干、灌木上或林下岩石上，海拔600m以下。分布于广东、广西、海南、云南。不丹、柬埔寨、印度、老挝、缅甸、泰国、越南也有。

寄树兰

67.风兰属 *Neofinetia* Hu

附生草本，小型，具稍扁的发达气根。茎短，直立。叶革质，2列密集互生，镰刀状，基部明显呈“V”字形对折，背面呈龙骨状，先端尖，基部具关节和鞘。总状花序腋生，疏生少数花；花中等大，开放；萼片和花瓣相似，中萼片和花瓣稍反折；侧萼片向前叉开，稍扭转；唇瓣3裂；中裂片近舌形，基部具附属物；侧裂片直立；距纤细；蕊柱粗短，具翅，无蕊柱足；蕊喙2叉裂；花粉团蜡质，2个，球形，具裂隙；黏盘柄狭卵状楔形，膝曲状；黏盘宽倒卵形。

本属有3种，分布于东亚。我国3种均产。福建有1种。

风兰

Neofinetia falcata (Thunb.) Hu, Rhodora. 27: 107. 1925.
— *Orchis falcata* Thunb., Murray, Syst. Veg., ed. 14, 811. 1784.

茎长1~4cm，但在栽培中可达8~12cm，稍扁。叶狭长圆状镰刀形，长5~12cm，宽7~10mm，厚革质，先端近锐尖，基部具彼此套叠的“V”字形鞘。总状花序连花长5~8cm，具少数花；花白色，芳香；花梗连子房长2.8~5cm；萼片与花瓣线状披针形，长约1cm，花瓣稍狭；唇瓣3裂；中裂片舌形，基部具1枚2~3裂的胼胝体；侧裂片长圆形；距纤细，弧形弯曲，长3.5~5cm。花期4月。

产于武夷山。生于林中树干上，海拔约400m。分布于甘肃、湖北、江西、四川、浙江。朝鲜半岛和日本也有。

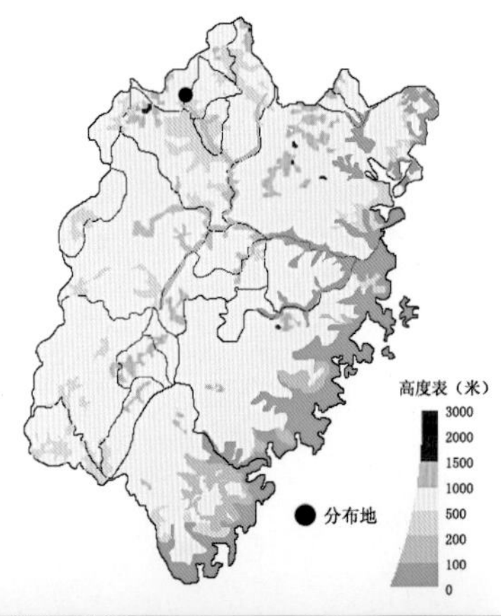

68. 萼脊兰属 *Sedirea* Garay & H. R. Sweet

附生草本。茎短，具数枚叶。叶近基生，2列，扁平，稍肉质或厚革质，基部具关节和短鞘。总状花序腋生，疏生数朵花；花苞片宽卵形，比子房连花梗的长度短；花中等大，开放；萼片和花瓣相似，侧萼片贴生在蕊柱足上；唇瓣3裂，基部以1个活动关节与蕊柱足末端连接，有距；中裂片下弯；侧裂片直立；距长，向前弯曲，向末端变狭；蕊柱较长，具短的蕊柱足；柱头大，位于蕊柱近中部；深凹陷；蕊喙大，下弯，2裂；花粉团蜡质，2个，近球形，每个具裂隙，具1个共同的线形黏盘柄，附着于1个大的黏盘上。

本属有2种，分布于我国、日本、朝鲜半岛。我国2种均产。福建有1种。

短茎萼脊兰

Sedirea subparishii (Z. H. Tsi) Christenson, Taxon. 34: 518. 1985.
— *Hygrochilus subparishii* Z. H. Tsi, Acta Bot. Yunnan. 4: 267. 1982.

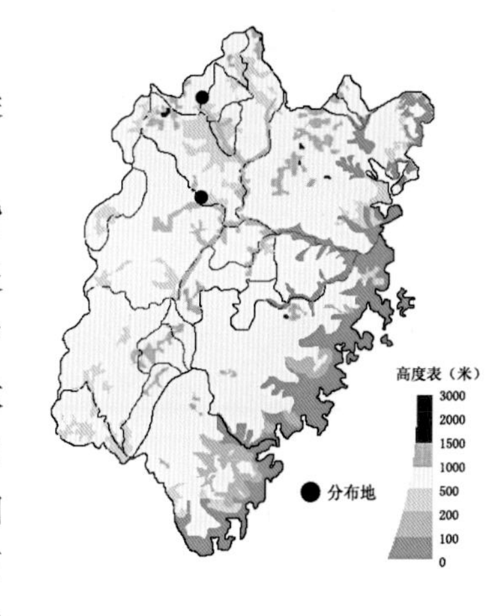

茎长1~2cm。叶长圆形或倒卵状披针形，长5~9cm，宽1.5~3.4cm，先端浅2裂。总状花序长达10cm，疏生数朵花；花黄绿色带淡褐色斑点，具香气；萼片近长圆形，长1.6~2cm，宽6~9mm，先端细尖而下弯，具5~6条脉，背面中脉翅状；侧萼片略狭于中萼片；花瓣近椭圆形，长1.5~1.8cm，宽5~7mm，先端锐尖，具5~6条脉；唇瓣3裂；中裂片狭长圆形，长6mm，宽1.2~2.5mm，在背面近先端处喙状凸起，上面具1条从基部至先端的纵向褶片，基部（在距口处）具1枚圆锥形胼胝体；侧裂片半圆形，直立，边缘稍具细齿；距角状，长约1cm，弧曲；蕊柱长约1cm，蕊柱足几不可见；蕊柱翅向顶端延伸为尖齿；蕊喙2裂，裂片长条形，长约4mm。花期5月。

产于顺昌、武夷山。生于林中树干上，海拔约800m。分布于广东、贵州、湖北、湖南、四川、浙江。

69. 钗子股属 *Luisia* Gaud.

附生草本。茎簇生，直立或攀缘，圆柱形，具多节，疏生多数叶。叶肉质，圆柱形，基部具关节。总状花序腋生，通常具1至数朵花；花常较小，肉质；萼片和花瓣离生，相似或花瓣较狭长；侧萼片背面中脉常变成狭翅并伸出萼片先端；唇瓣不裂或3裂，中部常缢缩而形成前唇与后唇；前唇常增厚，上面具皱纹或纵沟；后唇常凹陷；蕊柱短，无蕊柱足；花粉团蜡质，2个，球形，具孔隙，具1个短而宽的共同黏盘柄，附着于1个黏盘上。

本属约40种，分布于热带亚洲至新几内亚岛和太平洋岛屿。我国有11种。福建有1种。

纤叶钗子股 *Luisia hancockii* Rolfe, Bull. Misc. Inform. Kew. 1896: 199. 1896.

茎圆柱形，长达20cm，直径3~4mm。叶2列，肉质，圆柱形，长5~9cm，直径1.5~2mm，基部具筒状、抱茎的鞘。总状花序长1~1.5cm，具1~3朵花；花肉质，浅黄绿色，唇瓣有紫红色晕；中萼片椭圆状长圆形，长5~7mm，宽约3mm；侧萼片与中萼片近相似，背面中脉近先端处呈翅状；花瓣稍斜的长圆形，长约6mm，宽约3mm；唇瓣近卵状长圆形，近中部缢缩成前后唇；后唇稍凹，基部具耳；前唇先端凹缺，边缘具圆齿或波状，上面具3~4条有疣状凸起的纵脊；蕊柱长约2mm。花期5~6月。

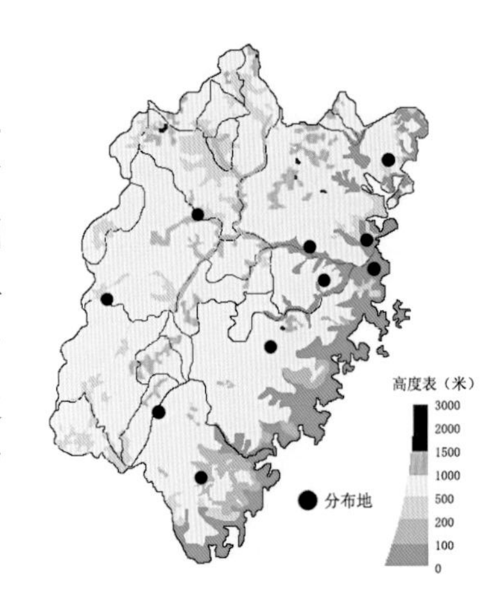

产于霞浦、闽清、永泰、长乐、连江、德化、平和、龙岩、宁化、顺昌。生于山谷岩壁上或疏林中树干上，海拔200~400m。分布于湖北、浙江。

70. 盆距兰属　*Gastrochilus* D. Don

附生草本。茎较短或伸长，包藏于叶基部的鞘内。叶扁平，常2列互生，先端不裂或稍裂，基部具关节和抱茎的鞘，有时由于基部的扭转而使叶面处于同一个平面上。花序侧生，总状或由于花序轴缩短而呈伞形，具少数至多数花；萼片和花瓣近相似；唇瓣牢固地贴生于蕊柱基部，分为前唇和后唇；前唇垂直于后唇而向前伸展，中央常增厚为垫状，边缘常撕裂或具流苏；后唇凹陷成近球形、杯状或圆锥形，两侧有肉质小侧裂片；蕊柱粗短，无蕊柱足；蕊喙短，2裂；花粉团蜡质，2个，近球形，通常顶端具1个孔隙，具1个共同的狭窄黏盘柄，附着于1个2裂的黏盘上。

本属约47种，分布于亚洲热带和亚热带地区。我国有30种，产长江以南各地，尤以台湾和西南地区为多。福建有3种。

分种检索表

1. 叶紧密互生 ······························ 1.美丽盆距兰 *G. somae*
1. 叶彼此疏离。
   2. 前唇肾形，边缘密布短毛；后唇近圆锥形 ········ 2.中华盆距兰 *G. sinensis*
   2. 前唇宽三角形或近半圆形，边缘全缘；后唇近杯状 ··························
   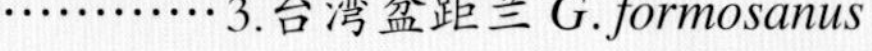
   ······························ 3.台湾盆距兰 *G. formosanus*

1. 美丽盆距兰

Gastrochilus somae (Hayata) Hayata, Icon. Pl. Formosan. 4: Add. & Corr. 1915.
— *Saccolabium somae* Hayata, Icon. Pl. Formosan. 4: 93 1914.

茎长2~10mm。叶绿色，紧密互生，倒卵形或镰刀状长圆形，长3.5~4.2cm，宽1.2~1.7cm，先端不等的2裂。花序近伞形，具3~4朵花；花序柄长约1cm，基部具2枚鞘；苞片卵状三角形，长约3mm；中萼片长约7mm，宽约3mm；萼片与花瓣黄绿色，唇瓣白色，有黄色和紫点的垫状物；侧萼片与中萼片近等长，较狭；花瓣长约5mm，宽约2mm；唇瓣的前唇，长3~4mm，宽约8mm，边缘啮蚀状，上面具黄色垫状物，垫状物上具细乳突，无毛；后唇，长约5mm，宽约5mm，上端口边缘多少向前斜截，近帽状；蕊柱短，白色带紫色斑纹。花期8月。

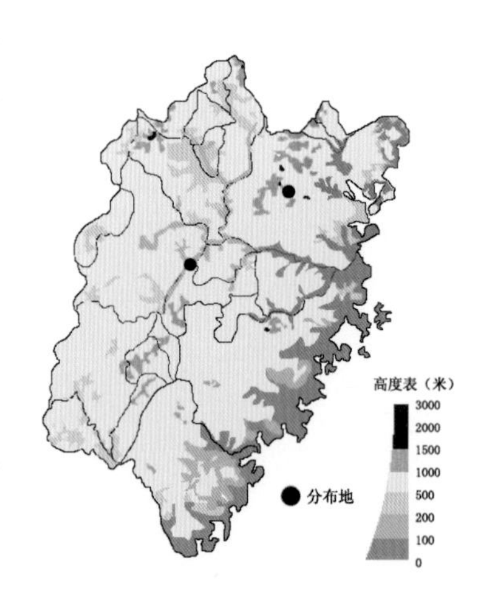

产于屏南、沙县。生于溪边林中树干上，海拔约500~800m。分布于广东、香港、台湾。

2. 中华盆距兰

Gastrochilus sinensis Z. H. Tsi, Bull. Bot. Res., Harbin. 9(2): 23. 1989.

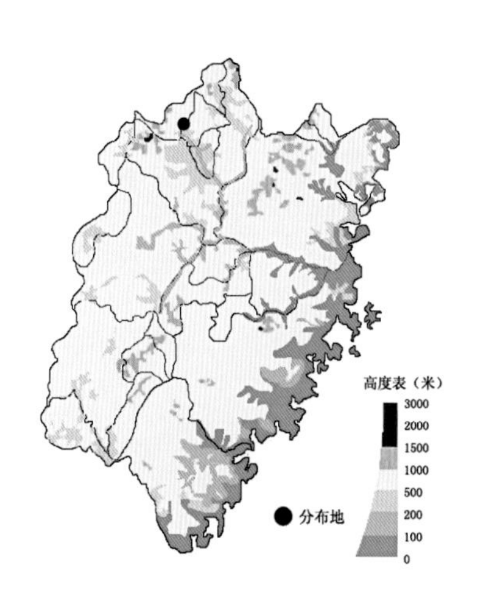

茎匍匐状，长10~20cm。叶彼此疏离，椭圆形或长圆形，长1~2cm，宽约6mm，绿色带紫红色斑点。花序2~3个，缩短，近伞形，具2~3朵花；花小，黄绿色带紫红色斑点；中萼片近椭圆形，凹陷，长4~5mm，宽约2.5mm；侧萼片稍斜长圆形，与中萼片近等大，背面中肋多少隆起；花瓣近倒卵形，较萼片小；唇瓣的前唇肾形，长2.5mm，宽4~5mm，先端宽凹缺，边缘和上面密布短毛，中央具增厚的垫状物；后唇近圆锥形，两侧略压扁，长3.5~4mm，宽约3mm，上端口缘较前唇稍高，前端具1个宽的凹口，近距口被密毛；蕊柱长约2mm。花期10月。

产于武夷山。生于林中树干上或岩壁上。分布于贵州、云南、浙江。

3. 台湾盆距兰

Gastrochilus formosanus (Hayata) Hayata, Icon. Pl. Formosan. 6(Suppl.): 78. 1917.
— *Saccolabium formosanum* Hayata, J. Coll. Sci. Imp. Univ. Tokyo 30(1): 336. 1911.

茎常匍匐，甚长。叶彼此疏离，绿色，常两面带紫红色斑点，长圆形或椭圆形，长1~2.5cm，宽3~6mm，先端急尖。总状花序缩短，近伞状，具2~3朵花；花淡黄色带紫红色斑点；中萼片凹陷，椭圆形，长约5mm，宽约3mm；侧萼片斜长圆形，与中萼片近等大；花瓣倒卵形，较萼片稍小；唇瓣的前唇宽三角形或近半圆形，长2.2~3.2mm，宽约8mm，先端近截形或圆钝，中央具黄色垫状物且密布乳突状毛；后唇近杯状，长约5mm，宽4mm，上端的口缘截形与前唇基部在同一水平面上；蕊柱长1.5mm。花期3~4月。

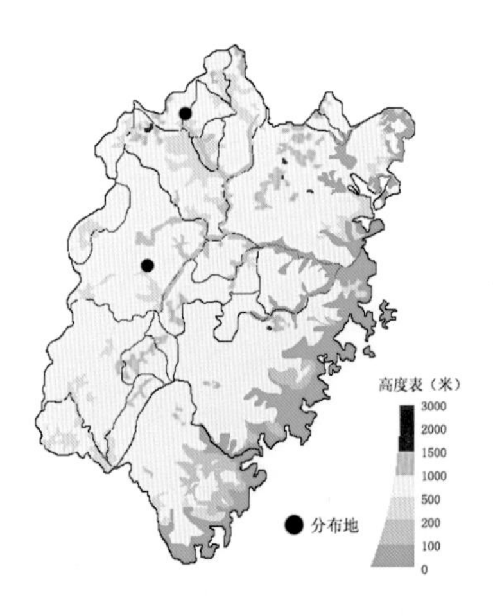

产于武夷山、明溪。生于林中树干上，海拔约800m。分布于湖北、陕西、台湾。

71.槽舌兰属 *Holcoglossum* Schltr.

附生草本。茎短，包藏于叶鞘内。叶多枚，2列，肉质，圆柱形、半圆柱形或近宽半圆柱形，近轴面具纵槽，先端锐尖，基部扩大为鞘并具关节。总状花序侧生，具少数至多数花；花序轴常呈紫色；萼片在背面中脉增粗或呈龙骨状凸起；侧萼片常稍大，多少歪斜；花瓣与中萼片相似；唇瓣基部有距或囊，3裂；中裂片较大，基部常具附属物；侧裂片直立；距细长而弯曲，向末端渐狭；蕊柱粗短，具翅，不具或具很短的蕊柱足；蕊喙短而尖，2裂；花粉团蜡质，2个，球形，具孔隙，通过1个共同的线形黏盘柄附着于1个宽阔的黏盘上。

本属有12种，主要分布于我国，延伸至越南、老挝、泰国、缅甸和印度东北部。我国有12种。福建有1种。

短距槽舌兰

Holcoglossum flavescens (Schltr.) Z. H. Tsi, Acta Phytotax. Sin. 20 : 441. 1982. — *Aerides flavescens* Schltr., Repert. Spec. Nov. Regni Veg. 19: 382. 1924.

茎长1~2cm，具数枚近基生的叶。叶半圆柱形或近宽半圆柱形，肉质，长1.5~3cm，宽约2mm，斜立而外弯，先端锐尖。总状花序1~2个，短于叶，具1~3朵花；花苞片宽卵形，稍外折；花白色；中萼片卵形，长约1.2cm，宽5~6mm，先端钝，基部稍收狭；侧萼片斜卵形，与中萼片近等大；花瓣与中萼片相似而较小；唇瓣3裂，基部具2~3条褶片；中裂片卵形，长6~8mm，宽约7mm，边缘稍波状，基部具1个宽卵状三角形的黄色胼胝体；侧裂片卵状三角形，内面具红色条纹，先端钝；距角状，长约7mm，向前弯，末端钝；蕊柱长约5mm，具长约2mm的蕊柱足。花期5~6月。

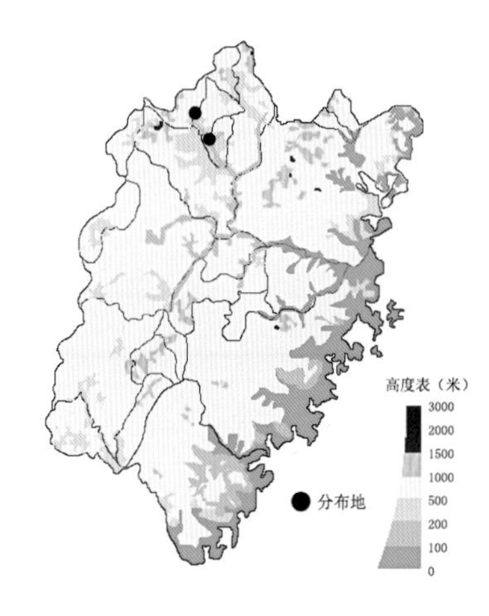

产于武夷山、建阳。生于林中树干上。分布于湖北、四川、云南。

中文名索引

拉丁名索引

参考文献

陈炳华, 林爱英, 苏享修, 等. 福建兰科2新记录属[J]. 西北植物学报, 2014, 34(6): 1288-1290.

陈炳华, 苏享修, 李建民, 等. 福建省兰科植物新记录9种[J]. 福建师范大学学报: 自然科学版, 2014, 30(5): 85-90.

陈恒彬, 陈丽云. 福建植物志(第6卷, 兰科)[M]. 福州: 福建科学技术出版社, 1995: 594-600.

陈心启, 郎楷永, 罗毅波, 等. 中国植物志(17卷) [M]. 北京: 科学出版社, 1999.

陈心启, 吉占和, 郎楷永, 等. 中国植物志(18卷) [M]. 北京: 科学出版社, 1999.

陈心启, 吉占和. 中国兰花全书[M]. 北京: 林业出版社, 1998.

胡明芳, 黎维英, 刘江枫, 等. 福建兰科新记录属——叉柱兰属[J]. 福建林业科技, 2010, 37(3): 106-107.

吉占和, 陈心启, 罗毅波, 等. 中国植物志(19卷) [M]. 北京: 科学出版社, 1999.

兰思仁, 刘初钿, 李大明. 武夷山国家级自然保护区兰科植物的多样性[C]. 全国观赏植物多样性及其应用研讨会. 2004.

李明河, 陈世品, 兰思仁, 等. 福建省兰科一新记录种——齿爪齿唇兰[J]. 福建农林大学学报: 自然科学版, 2013, 42(6): 600-602.

林鹏. 福建植被[M]. 福州: 福建科学技术出版社, 1990.

林鹏. 福建省南靖南亚热带自然保护区综合科学考察报告[M]. 厦门: 厦门大学出版社, 1999.

林鹏. 福建梁野山自然保护区综合科学考察报告[M]. 厦门: 厦门大学出版社, 2001.

林鹏. 福建省安溪云中山自然保护区科学考察报告[M]. 厦门: 厦门大学出版社, 2001.

林鹏. 福建戴云山自然保护区综合科学考察报告[M]. 厦门: 厦门大学出版社, 2003.

林鹏. 福建茫荡山自然保护区综合科学考察报告[M]. 厦门: 厦门大学出版社, 2003.

林鹏, 李振基, 徐育生. 福建雄江黄楮林自然保护区综合科学考察报告[M]. 厦门: 厦门大学出版社. 2006.

刘江枫, 兰思仁, 彭东辉, 等. 福建省兰科一新记录属——宿苞兰属[J]. 福建林学院学报, 2013, 33(4): 289-290.

刘仲健, 陈心启, 茹正忠. 中国兰属植物[M]. 北京: 科学出版社. 2006.

罗毅波, 贾建生, 王春玲. 中国兰科植物保育的现状和展望[J]. 生物多样性, 2003, 11(1): 70-77.

游水生, 彭东辉, 胡明芳, 等. 福建兰科一新记录属——兜兰属[J]. 热带亚热带植物学报, 2009, 17(3): 292-294.

张林瀛, 兰思仁, 刘江枫, 等. 中国大陆兰科植物新记录种——美丽盆距兰[J]. 广西植物, 2014, (4): 497-499.

Chen S. C., Liu Z. J., Zhu G. H., et al. Orchidaceae[M]. In: Wu Z. Y. et al (eds), Flora of China vol. 25[M]. Beijing & St. Louis: Science Press & Missouri Bot. Gard. Press, 2009.

后记

Postscript

武夷山是著名的世界自然与文化遗产，有着丰富的生物多样性，其中兰科植物种类繁多；尤其是寒兰，居群数量大，每逢秋冬季节，香飘四溢，给我留下了深刻的印象。我有幸于1993年6月到武夷山国家级自然保护区工作，武夷山丰富多彩的兰花资源引发我下决心系统地调查兰科植物。在刘初钿等同仁的帮助下，我们从武夷山开始对全省主要自然保护区开展兰科植物资源调查。调查过程中发现，在商业炒作和利益驱动下，野生兰科植物资源遭受严重破坏，针对这一状况，我们及时提出了严禁滥采乱挖野生兰花、加强兰科植物就地保护的措施。

1997年2月，我调任福州国家森林公园（福州植物园）工作，在时任福建省副省长童万亨同志和福建省林业厅厅长刘德章同志、党组书记包应森同志的大力支持下，在福州国家森林公园龙潭景区内建设“福建兰苑”（苑名由赵朴初先生题写），占地约5万平方米，收集有野生兰科植物200余种和数量不少的栽培品种，初步建立了兰科植物迁地保护基地。

福建龙岩是建兰集中分布区之一，民间养兰户众多，养兰赏兰爱兰之风盛行，尤以上杭古田为最。2002年底我到龙岩市新罗区挂职，我结合业务工作和利用业余时间，深入林区调查兰花资源状况，常与养兰户探讨兰科植物迁地保护之计，有的养兰户投巨资筹建兰花品种园，这种爱兰之举深深地打动了我。

2002年至2005年在北京林业大学攻读博士学位期间，我本想主攻兰科植物的保育研究，还拜访了我国兰科植物研究泰斗、中国科学院植物研究所研究员陈心启先生（系福建农林大学校友），陈心启先生给我悉心介绍了我国兰科植物保育研究与产业化前景。只可惜受当时条件限制，我的博士研究方向改为主攻福建野生观赏植物多样性研究，但我仍然关注兰科植物保育领域。

2007年，我被选派到国家林业局森林资源管理司挂职，有更多的机会了解全国兰花资源状况。我到四川黄龙国家级自然保护区、广西雅长兰科植物国家级自然保护区调查兰花资源与保育研究状况，这更加坚定了我加快推进福建兰科植物资源调查与保育研究。

2010年底，我调任福建农林大学工作，让我有机会专注兰科植物保育研究与产业化应用，我牵头组建了福建农林大学海峡兰科植物保育研究中心。2011年9月，福建农林大学与深圳市兰科植物保护研究中心（国家兰科植物种质资源保护中心）签订合作协议，与著名兰科植物研究专家刘仲健教授级高级工程师有了深度合作。2012年2月，在中国科学院植物研究所罗毅波研究员的倡导下，海峡兰科植物保育研究中心在福建农林大学大学生创业园内筹建了“森林兰苑”，占地约7万平方米，收集兰科植物400余种，成为福建乃至全国重要的兰科植物迁地保护基地和研究中心之一。兰科植物研究团队不断壮大，陈世品、彭东辉、刘江枫、翟俊文、吴沙沙、艾叶、李明河和一批博士生、硕士生加入其中。2013年11月福建农林大学主办第九届亚洲兰花多样性与保育国际学术研讨会。在过去20年野生兰科植物调查的基础上，近年来，海峡兰科植物保育研究中心又联合厦门大学、福建师范大学、福建中医药大学等高校和科研院所的专家，把调查范围扩展到福建省全域，先后发现了许多新记录的属、种，如宿苞兰属和齿爪齿唇兰等。我所主持的福建省重大科研专项“福建野生观赏植物多样性与开发应用研究”和国家林业公益性行业科研专项“亚热带野生观赏植物多样性保育与扩繁技术研究”都把兰花作为主要研究对象，开展基于分子生物学的兰科植物分类系统学、生物地理学、生物信息学、繁殖生物学研究和金线莲、建兰、蝴蝶兰、铁皮石斛产业化关键技术研究，取得了显著成绩。研究团队先后发表高水平论文20余篇，尤其是研究中心联合国内外专家成功破译了香荚兰基因组，这是世界上首个完成测序的兰科藤本植物。2015年7、8月间，我带队到西藏林芝地区调查兰花资源，深入到墨脱县。丰富的兰花资源让我们一行人兴奋不已，尤其是茎长达2.22米、开着艳丽的淡紫红色花的竹叶兰，在岩壁的草丛中脱颖而出，这一景象让我流连忘返！

此书即将付梓之际，正逢福建农林大学80周年华诞，谨此表示热烈祝贺！在这里要衷心感谢对开展福建兰科植物调查与研究给予大力支持、帮助和指导的各级领导、专家，衷心感谢中国林业出版社的鼎力支持。更要衷心感谢陈心启教授为此书亲笔作序，这是对我们莫大的鼓舞和鞭策！衷心感谢同仁们深入林区、爬山涉水、攀岩穿壑、风餐露宿地寻觅兰迹和解剖细察、鉴别比较、海量查阅、挑灯夜战地悉心研究。

“路漫漫其修远兮，吾将上下而求索”，兰科植物的研究在这里才刚刚开始，还需同仁们披荆斩棘、奋勇前进。让我用“气若兰兮长不改，心若兰兮终不移”与同仁们共勉！

兰思仁　于森林兰苑

2016年 夏至